物联网技术专业系列教材——项目/任务驱动模式

电子 EDA 技术 Multisim

翟 红 荣雪琴 主 编

王 栋 刘 勇 陈晓磊 副主编

U0178251

电子工业出版社·

Publishing House of Electronics Industry

北京·BEIJING

内 容 简 介

本书是一本项目化教学的课程教材，以目前使用非常广泛的电子仿真软件 Multisim 13 为背景，以项目为核心，采用任务引领的方法全面介绍该软件的使用技巧。根据职业能力培养的要求，本书以能力为本、以面向应用为目标，紧跟当前工程实际应用，为技能等级考核、电子竞赛打下基础。本书以 Multisim 13 仿真技能为主线，通过大量的具体任务驱动，让读者在做中学，在学中做，全面高效地掌握 Multisim 13 仿真软件的使用技巧，同时为学习电路分析、电子技术，以及常用仪器仪表的使用等提供一个很好的虚拟实训环境，通过必备专业知识和技能训练案例分析，实现理论知识与操作技能的有机结合。本书包括 7 个学习项目：Multisim 13 软件介绍、基本分析法的应用、Multisim 13 在电路分析中的应用、Multisim 13 在模拟电子线路中的应用、Multisim 13 在数字电路中的应用、Multisim 13 与 LabVIEW 的研究与应用、基于 Multisim 13 的单片机应用系统仿真与设计。每个项目后面都有与之配套的练习题，读者可进行自测自检。

本书可作为高等职业学院、高等专科学校、成人教育学院等电子信息类专业的教材，也可作为电子信息工程技术人员和其他相关工程技术人员的参考书。

图书在版编目（CIP）数据

电子 EDA 技术 Multisim / 翟红，荣雪琴主编. —北京：电子工业出版社，2021.7

ISBN 978-7-121-41465-7

Ⅰ. ①电… Ⅱ. ①翟… ②荣… Ⅲ. ①电子电路－计算机仿真－应用软件－高等职业教育－教材 Ⅳ. ①TN702

中国版本图书馆 CIP 数据核字（2021）第 124375 号

责任编辑：康　静　　　　　　　特约编辑：田学清
印　　刷：涿州市般润文化传播有限公司
装　　订：涿州市般润文化传播有限公司
出版发行：电子工业出版社
　　　　　北京市海淀区万寿路 173 信箱　　　邮编：100036
开　　本：787×1092　　1/16　　印张：16　　　字数：349 千字
版　　次：2021 年 7 月第 1 版
印　　次：2025 年 2 月第 6 次印刷
定　　价：49.00 元

前 言

本书以优秀的 EDA 软件 Multisim 13 为仿真平台，除介绍该软件的特点和功能外，还探讨了该软件在电子电路、单片机系统和 LabVIEW 虚拟仪器仿真中的应用，以及在复杂系统的设计与开发中的应用。

Multisim 仿真软件历经了 EWB 5.0、Multisim 2001、Multisim 7、Multisim 8、Multisim 9、Multisim 10 和 Multisim 13 等版本的发展过程。美国国家仪器公司（National Instrument，NI）推出的 Multisim 9 及其以后的版本中增加了单片机（51 系列单片机和 PIC 系列单片机）和 LabVIEW 虚拟仪器的仿真与应用，使得 Multisim 仿真软件的功能更加强大，可适用于模拟电子电路、数字电子电路、模拟数字混合电路、射频电路、继电逻辑控制电路、PLC 控制电路和单片机应用电路的设计与仿真，尤其适用于复杂电路系统的设计和分析。

Multisim 中有大量的元器件库和虚拟仪器，还有各种分析工具和分析方法，如交流分析、瞬态分析和频率分析等，为人们提供了一个庞大的电子实训室。正确、有效、合理地使用这个实训室，可以十分方便地进行电子电路的设计与仿真。Multisim 13 中增加了 MultiMCU 库，可选用 51 系列（包括 8051 和 8052）单片机和 PIC 系列（PIC16F84 和 PIC16F84A）单片机、ROM 和 RAM 存储器等。在设计过程中，随着单片机硬件电路的调用，会自动弹出汇编程序编辑器，以便编制汇编程序。在 Multisim 的仿真环境中，可以设计单片机应用系统的硬件电路，编制汇编程序或 C51 程序，进行软硬件联调。这样有利于学习单片机，尤其适用于广大在校学生；从事单片机应用系统设计与开发的工程技术人员可先在 Multisim 环境中进行设计与调试，再制作实际的单片机应用系统，以有效地提高设计效率并降低设计成本，而采用传统方法开发单片机应用电路必须借助于硬件仿真器。

本书根据职业能力培养的要求，引入项目导向、任务引领的理念，以案例驱动，以面向应用为目标，以能力培养和实践操作为主线来讲解内容。书中的内容侧重电子电路及单片机等技术的介绍与训练。

本书分 7 个项目，项目一为 Multisim13 软件介绍，项目二为基本分析法的应用，项目三为 Multisim 13 在电路分析中的应用，项目四为 Multisim 13 在模拟电子线路中的应用，项目五为 Multisim 13 在数字电路中的应用，项目六为 Multisim 13 与 LabVIEW 的研究与应用，项目七为基于 Multisim 13 的单片机应用系统仿真与设计。本书前 5 个项目可供初学者或有一定基础的读者使用，读者需在熟悉和掌握 Multisim 13 软件的应用之后，再学习后 2 个项目；有一定基础的读者可以直接学习后 2 个项目。

本书建议的课时分配如下。

序　号	项 目 内 容	课 时 分 配
项目一	Multisim 13 软件介绍	4
项目二	基本分析法的应用	4
项目三	Multisim 13 在电路分析中的应用	4
项目四	Multisim 13 在模拟电子线路中的应用	24
项目五	Multisim 13 在数字电路中的应用	20
项目六	Multisim 13 与 LabVIEW 的研究与应用	6
项目七	基于 Multisim 13 的单片机应用系统仿真与设计	10

本书内容全面、案例丰富、系统性强，具有很强的应用性。本书的项目三、项目四、项目五结合电路基础、模拟电子技术、数字电子技术等内容，选用了大量的典型电路，给出了仿真分析过程和结果，并对仿真过程中的一些现象进行了深入分析和探讨。项目六主要研究了Multisim 13 与 LabVIEW 的结合，并介绍了如何实现 Multisim 13 与 LabVIEW 8.6 仪器的数据通信。项目七通过走马灯设计阐述了 Multisim 13 软件环境下的 51 单片机控制方式与仿真。本书对各种控制方式均给出了详细的设计步骤和仿真分析结果，读者在阅读各部分内容时，应仔细分析各种控制方式的特点和相互间的差异。本书中的所有电路均经过了仿真分析和验证。

本书由苏州工业职业技术学院翟红、荣雪琴担任主编；王栋、刘勇、陈晓磊担任副主编；王勤负责统稿工作；刘训非负责主审。本书的具体编写分工如下：项目一和项目六由翟红编写；项目二和项目三由荣雪琴编写；项目四和项目五由刘勇编写；项目七由王栋编写。

在本书的编写过程中，布鲁格钢绳（苏州）有限公司的王保华等人提供了热心指导和帮助，部分仿真项目任务由他们提供。另外，在本书的编写过程中，参阅了大量 Multisim、电子电路方面的书籍和技术资料，在此对原作者表示感谢。

由于编者水平有限，本书虽经认真核对资料、仔细校对，疏漏之处仍然在所难免，敬请读者批评指正。

编　者

2021 年 5 月

目　录

项目一 Multisim 13 软件介绍

▶▶ **引言**

　　EWB 5.0（Electronics Work Bench 5.0）是由加拿大的 Interactive Image Technologies（IIT）公司于 20 世纪 80 年代推出的颇具特色的电子仿真软件，曾风靡全球。它具有界面形象直观、操作方便、分析功能强大、易学易用等突出优点，早在 20 世纪 90 年代就在我国得到了迅速推广，受到了电子行业技术人员的青睐。21 世纪初，IIT 公司在保留原版本的基础上增加了更多功能和内容，特别是改进了 EWB 5.0 软件虚拟仪器调用有数量限制的缺陷，将EWB 软件更新换代，推出了 EWB 6.0 版本，并取名 Multisim（意为多重仿真），这就是Multisim 2001 版本。2003 年，其升级为 Multisim 7.0 版本，电子仿真软件 Multisim 7.0 的功能已相当强大，能胜任各种电子电路的分析和仿真实验。Multisim 7.0 提供了 18 种基本分析方法，可供用户对电子电路进行各种性能分析；它还有多达 17 台虚拟仪器仪表和一个实时测量探针，可以满足一般电子电路的测试实验。但 Multisim 7.0 有一个缺点，就是将电阻的单位 Ω 用 "Ohm" 来表示，使用起来不方便。除了这一点，电子仿真软件 Multisim 7.0已经相当成熟和稳定，是 IIT 公司在开拓电子仿真软件领域中的一个重要里程碑。

　　之后，IIT 公司又相继推出了 Multisim 8.0、Multisim 8.3.30 等版本，改正了 Multisim 7.0的缺点，即将电阻的单位 "Ohm" 改为用 Ω 表示。Multisim 8.0 版本除增加了一些元件库品种、一台 "泰克" 示波器和一些功能外，与 Multisim 7.0 相比，并没有太大的区别。也可以说，Multisim 8.0 版本是 IIT 公司推出的电子仿真软件的终极版。

　　2005 年以后，IIT 公司已隶属于美国国家仪器公司（National Instrument，NI）麾下，NI于 2006 年年初首次推出了 Multisim 9.0 版本。

　　2007 年年初，美国 NI 又推出 NI Multisim 13 版本，在原来的 Multisim 前冠以 NI，启动画面右上角有美国国家仪器公司的徽标和 NATIONAL INSTRUMENTS 字样。可见，美国 NI 公司推出的 NI Multisim 13 软件不再是以前的 EWB 了。可以这样认为，EWB 的主要功能在于一般电子电路的虚拟仿真；而 NI Multisim 13 软件则不再局限于电子电路的虚拟仿真，其在 LabVIEW 虚拟仪器、单片机仿真等技术方面有更多的创新和提高，属于 EDA技术的更高层次的范畴。

任务 1.1 基于 Multisim 13 的单片机简单电路的仿真分析

教学目标

（1）了解 Multisim 的基础知识。

（2）了解 51 单片机的设计步骤和仿真分析方法。

◆ 任务引入 ◆

图 1-1 所示为单片机输入/输出控制电路。

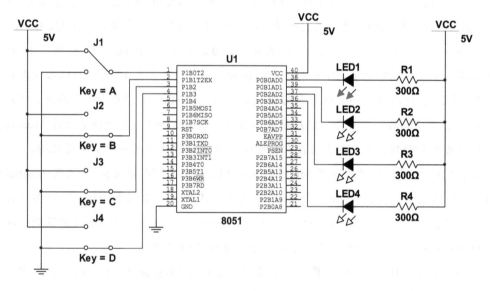

图 1-1　单片机输入/输出控制电路

```
LED_PORT   EQU   PO
Discnt     EQU   30H
ORG        0000H          ;复位后，应用程序的入口地址
AJMP       INIT
ORG        0030H
;汇编程序
$MOD51                    ;其中包括 8051 的汇编程序定义
;定义输出变量
LED1  EQU  P0.0
LED2  EQU  P0.1
LED3  EQU  P0.2
LED4  EQU  P0.3
```

```
ORG  0000H
LJMP MAIN
;主程序
MAIN: JNB  P1.0,LED1_OFF    ;P1.0 不等于 1，跳转至 LED1_OFF
      CLR  LED1              ;P1.0 等于 1，LED1 亮
LED1_OFF:JB  P1.0,TO_LED2    ;P1.0 等于 1，跳转至 TO_LED2
        SETB LED1            ;P1.0 不等于 1，LED1 灭
TO_LED2:JNB  P1.1,LED2_OFF
        CLR  LED2
LED2_OFF:JB  P1.1,TO_LED3
        SETB LED2
TO_LED3: JB  P1.2,LED3_OFF
        CLR  LED3
LED3_OFF:JB  P1.2,TO_LED4
        SETB LED3
TO_LED4: JNB  P1.3,TO_EXT
        CLR  LED4
        JMP  MAIN            ;主程序循环
END                         ;结束
```

◆ **任务分析** ◆

设计 51 单片机应用系统时，首先要设计单片机应用系统的硬件电路，然后结合硬件电路编制相应的软件程序，最后进行软硬件联调，直至应用系统符合设计要求。

设计该硬件电路时选用了 8051 芯片，当单片机输入为 4 个开关 J1～J4，输出为 4 个 LED 时，将 LED 接成灌电流形式。要求：当开关 J1 切换至上触点时，LED1 发光；当开关 J1 切换至下触点时，LED1 不发光。同理，开关 J2 对应 LED2，开关 J3 对应 LED3，开关 J4 对应 LED4。

◆ **相关知识** ◆

一、Multisim 13 的特点

Multisim 13 是美国 NI 于 2007 年 3 月推出的 Multisim 的版本，是 Ni Circuit Design Suit10 中的一个重要组成部分，它可以实现原理图的捕获、电路分析、电路仿真、仿真仪器测试、射频分析、单片机等高级应用。其数量众多的元件数据库、标准化的仿真仪器、直观的捕获界面、简洁明了的操作、强大的分析测试、可信的测试结果为众多电子工程设计人员缩短产品研发时间、强大电路实验教学立下了汗马功劳。

具体来讲，Multisim 13 具有以下特点。

（1）直观的图形界面。Multisim 13 的整个操作界面就像一个电子实验工作台，绘制电

路所需的元器件和仿真所需的测试仪器均可直接拖放到屏幕上，单击鼠标即可用导线将它们连接起来，软件仪器的控制面板和操作方式都与实物相似，测量数据、波形和特性曲线如同在真实仪器上看到的一样。

（2）丰富的元器件。Multisim 13 提供了世界主流元件提供商的超过 16000 种元件，同时能很方便地对元件的各种参数进行编辑修改，具有模型生成器及代码模式创建模型等功能。

（3）强大的仿真能力。以 SPICE3F5 和 Xspice 的内核作为仿真的引擎，通过 EWB 带有的增强设计功能对数字和混合模式的仿真性能进行优化，包括 SPICE 仿真、RF 仿真、MCU 仿真、VHDL 仿真、电路向导等。

（4）丰富的测试仪器。Multisim 13 提供了 22 种虚拟仪器测量电路动作，这些虚拟仪器的设置和使用与真实仪器一样。除 Multisim 提供的默认的仪器外，Multisim 13 还可以创建 LabVIEW 的自定义仪器，使得人们可以在图形环境中可以灵活地测试、测量及控制应用程序的仪器。

（5）完备的分析手段。Multisim 13 的分析手段从基本的到极端的，甚至不常见的都有，并可以将一个分析作为另一个分析的一部分自动执行，集成了 LabVIEW 和 Signalexpress 快速进行原型开发和测试设计，具有符合行业标准的交互式测量和分析功能。

（6）独特的射频（RF）模块。Multisim 13 提供了基本射频电路的设计、分析和仿真。射频模块由 RF-specific（射频特殊元件，包括自定义的 RF SPICE 模型）、用于创建用户自定义的 RF 模型的模型生成器、两个 RF-specific 仪器（Spectrum Analyzer 频谱分析仪和 Network Analyzer 网络分析仪）、一些 RF-specific 分析（电路特性、匹配网络单元、噪声系数）等组成。

（7）强大的 MCU 模块。Multisim 13 支持 4 种类型的单片机芯片，支持对外部 RAM、外部 ROM、键盘和 LCD 等外围设备的仿真，分别对 4 种类型的芯片提供汇编和编译支持；所建项目支持 C 语言代码、汇编代码及十六进制代码，并兼容第三方工具的源代码；包含设置断点、单步运行、查看和编辑内部 RAM、特殊功能寄存器等高级调试功能。

（8）完善的后处理。Multisim 13 对分析结果进行的数学运算操作类型包括算术运算、三角运算、指数运行、对数运算、复合运算、向量运算和逻辑运算等。

（9）详细的报告。Multisim 13 能够呈现材料清单、元件详细报告、网络报表、原理图统计报告、多余门电路报告、模型数据报告、交叉报表 7 种报告。

（10）兼容性好的信息转换。Multisim 13 提供了将原理图和仿真数据转换成其他程序的方法，可以输出原理图到 PCB 布线（如 Ultiboard、OrCAD、PADS Layout 2005、P-CAD 和 Protel）；输出仿真结果到 MathCAD、Excel 或 LabVIEW；输出网络表文件；输出向前和返回注释；还提供了 Internet Design Sharing（互联网共享文件）。

二、Multisim 13 软件的安装

运行 Multisim 13 的计算机的基本配置如下。

（1）操作系统：Windows XP Professional、Windows 2000 SP3 及以上。

（2）中央处理器：Pentium 4 Processor。

（3）内存：至少 512MB。

（4）硬盘：至少 1.5GB 的空闲空间。

（5）光盘驱动器：CD-ROM。

（6）显示器分辨率：1024×768。

安装 Multisim 13 软件的步骤如下。

第一阶段，在 Windows 系统下将光盘放入光驱，Multisim 13 软件的安装初始界面如图 1-2 所示，该界面是安装程序检查系统是否可以安装 Multisim 13 的界面。

图 1-2　Multisim 13 软件的安装初始界面

检查完成以后，会出现如图 1-3 所示的 User Information 对话框，用户输入姓名、单位名称、软件序列号，然后单击 Next 按钮，若序列号正确，将出现序列号验证对话框，单击 OK 按钮后，会出现程序安装说明、版权声明等对话框。

第二阶段，复制并安装 15 个模块，如图 1-4 所示。

复制完所有文件，安装的主要过程就完成了，同时系统还安装了制版软件 NI Ultiboard 10，并且这两个软件位于同一路径下。

完成第二阶段的安装后，就可以使用 Multisim 13 软件了。

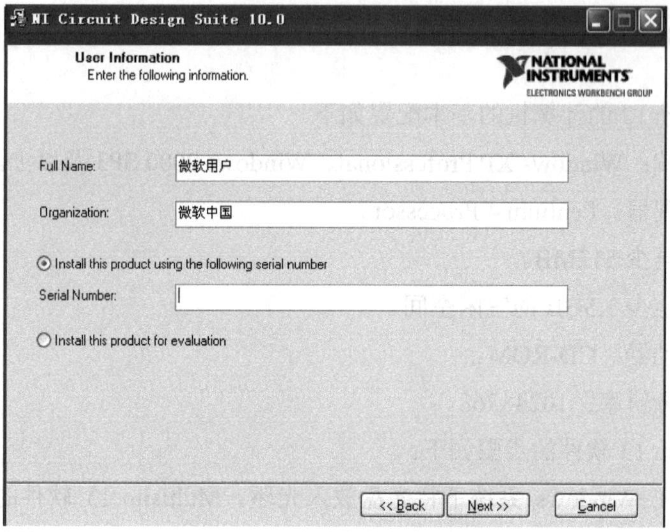

图 1-3　User Information 对话框

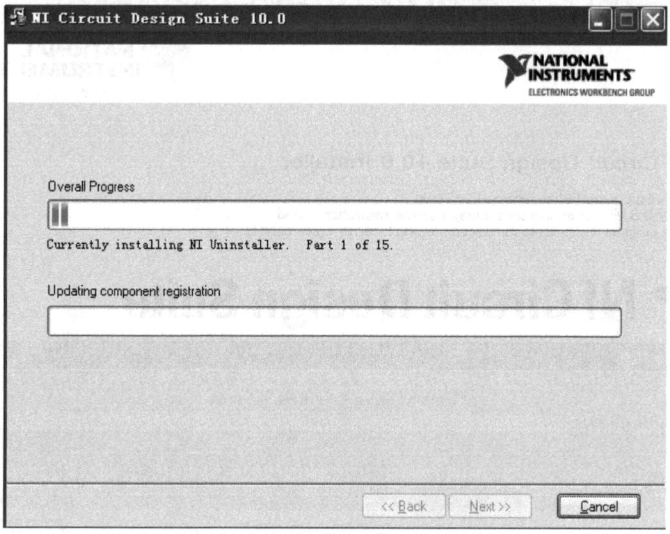

图 1-4　复制并安装 15 个模块

◆ 任务实施 ◆

一、硬件电路设计

在 Multisim 平台下首先选用 8051 芯片（在 MCU Module 库中首先选用 805X 系列），将单片机芯片放置在仿真电路工作区以后，会自动弹出汇编程序编辑器，利用该编辑器可以编制汇编语言源程序（可按照个人喜好选择汇编语言或 C 语言）。51 单片机应用系统的仿真环境如图 1-5 所示。

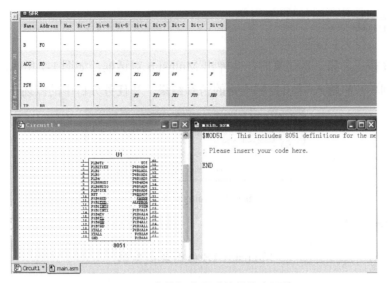

图 1-5 51 单片机应用系统的仿真环境

在图 1-5 中，U1 为 8051 单片机芯片，上面是存储器观察窗口（MCU Memory View），右边是汇编程序编辑器。其中，存储器观察窗口和汇编程序编辑器可以显示或隐藏。

按照图 1-1 在 Multisim 界面上绘制出单片机输入/输出控制电路。

二、软件程序设计

在汇编程序编辑器窗口中输入程序，如图 1-6 所示。

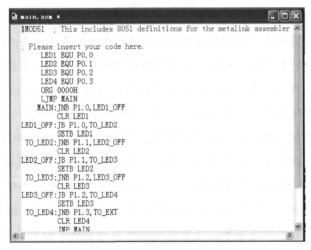

图 1-6 汇编程序编辑器窗口

◆◆◆ 特别提示

设置断点的汇编程序，编译后可执行单步操作。

三、运行仿真

单击仿真按钮，第一次仿真时，会弹出 Multisim 对话框，如图 1-7 所示，单击 Yes 按钮，即可得到单片机输入/输出控制电路的仿真结果，和任务分析中的叙述一致。

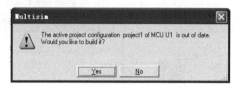

图 1-7　Multisim 对话框

■■■ **拓展阅读**

Multisim 13 的相关小知识

目前，美国 NI 的 EWB 包含电路仿真设计的模块 Multisim、PCB 设计软件 Ultiboard、布线引擎 Ultiroute 及通信电路分析与设计模块 Commsim 四部分，能完成从电路的仿真设计到电路版图生成的全过程。Multisim、Ultiboard、Ultiroute 及 Commsim 四部分相互独立，可以单独使用。Multisim、Ultiboard、Ultiroute 及 Commsim 有增强专业版（Power Professional）、专业版（Professional）、个人版（Personal）、教育版（Education）、学生版（Student）和演示版（Demo）等多个版本，各版本的功能和价格有明显的差异。Multisim 13 通过虚拟电子与电工元器件、虚拟电子与电工仪器和仪表，实现了软件即元器件、软件即仪器。

Multisim 13 是用于原理电路设计、电路功能测试的虚拟仿真软件。其元器件库提供了数千种电路元器件供实验选用，也可以新建或扩充已有的元器件库，而且建库所需的元器件参数可以从生产厂商的产品使用手册中查到，因此在工程设计中使用很方便；Multisim 13 的虚拟仪器、仪表的种类齐全，不仅有一般实验通用的仪器，如万用表、函数信号发生器、双踪示波器、直流电源；还有一般实验室鲜有甚至没有的仪器，如波特图仪、字信号发生器、逻辑分析仪、逻辑转换器、失真仪、频谱分析仪和网络分析仪等。

Multisim 13 具有较为详细的电路分析功能，可以完成瞬态分析和稳态分析、时域分析和频域分析、器件的线性分析和非线性分析、电路的噪声分析和失真分析、离散傅里叶分析、电路零极点分析、交直流灵敏度分析等电路分析，进而帮助设计人员分析电路的性能。

Multisim 13 可以设计、测试和演示各种电子电路，包括电工学、模拟电路、数字电路、射频电路及微控制器和接口电路等，还可以对被仿真的电路中的元器件设置各种故障，如开路、短路和不同程度的漏电等，从而观察不同故障情况下的电路工作状况。在进行仿真的同时，软件还可以存储测试点的所有数据，列出被仿真电路的所有元器件清单，以及存储测试仪器的工作状态、显示波形和具体数据等。

Multisim 13 有丰富的 Help 功能，其 Help 系统不仅包含软件本身的操作指南，更重要的是包含元器件的功能解说。Help 中的各种元器件功能解说有利于使用 EWB 进行 CAI 教学。另外，Multisim 13 还提供了国内外流行的 PCB 设计自动化软件 Protel 及电路仿真软件 PSpice 之间的文件接口，也能通过 Windows 的剪贴板把电路图送往文字处理系统进行编辑和排版，支持 VHDL 和 Verilog HDL 语言的电路仿真与设计。

利用 Multisim 13 可以实现计算机仿真设计与虚拟实验，与传统的电子电路设计与实验方法相比，其特点如下：设计与实验可以同步进行，可以边设计边实验，修改和调试方便；设计和实验用的元器件及测试仪器仪表齐全，可以完成各种类型的电路设计与实验，方便对电路参数进行测试和分析，可直接打印输出实验数据、测试参数、曲线和电路原理图；实验不消耗实际的元器件，实验所需元器件的种类和数量不受限制，实验成本低、速度快、效率高；设计和实验成功的电路可以直接在产品中使用。

Multisim 13 易学易用，便于电子信息、通信工程、自动化、电气控制类等专业的学生自学，便于开展综合性的设计和实验，有利于培养分析能力、开发能力和创新能力。

电源与信号源库包含接地端、直流电压源（电池）、正弦交流电压源、方波（时钟）电压源、压控方波电压源等多种电源与信号源。基本器件库包含电阻、电容等多种元件。基本器件库中的虚拟元器件的参数是可以任意设置的，非虚拟元器件的参数是固定的，但是可以选择。

思考与练习

1．Multisim 13 仿真软件的特点是什么？

2．安装 Multisim 13 仿真软件的计算机需要的基本配置有哪些?

3．简述 Multisim 13 仿真软件的安装步骤。

任务 1.2　Multisim 13 软件创建三极管共发射极放大电路

教学目标

（1）熟悉 Multisim 13 软件的界面。

（2）了解 Multisim 13 软件各菜单的作用。

（3）熟练掌握 Multisim 13 电路图的绘制方法及绘制步骤。

◆ 任务引入 ◆

三极管共发射极放大电路如图 1-8 所示，用 Multisim 13 软件绘制出该电路图。

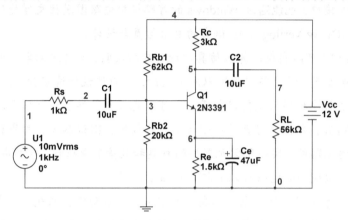

图 1-8　三极管共发射极放大电路

◆ 任务分析 ◆

上述共发射极放大电路由交流电源、直流电源、电阻、电容、NPN 型三极管等组成，其中，三极管是起放大作用的核心元件，其输入信号 U1 为正弦波电压。直流电源 Vcc 为输出提供所需的能量。

绘制如图 1-8 所示的电路图需要的元件：有效值为 10mV、频率为 1kHz 的交流电压源 U1；12V 的直流电源 Vcc；接地 GROUND；5 个电阻，阻值分别为 62kΩ、20kΩ、3kΩ、56kΩ、1.5kΩ；两个 10μF 的无极性电容；一个 47μF 的电解电容；NPN 型三极管 2N3391。

◆ 相关知识 ◆

Multisim 13 软件以图形界面为主，采用菜单、工具栏和热键相结合的方式，具有一般 Windows 应用软件的界面风格。

启动 Multisim 13 后，将出现如图 1-9 所示的 Multisim 13 用户界面。

Multisim 13 用户界面由多个区域构成：Menu Toolbar（菜单工具栏）、Standard Toolbar（标准工具栏）、Design Toolbox（设计工具盒）、Component Toolbar（元件工具栏）、Circuit Window（电路窗口）、Spreadsheet View（数据表格视图）、Active Circuit Tab（激活电路标签）、Instruments Toolbar（仪器工具栏）等。通过对各部分进行操作可以实现电路图的输入和编辑，从而根据需要对电路进行相应的检测和分析。用户可以通过菜单工具栏改变电路窗口的视图内容。

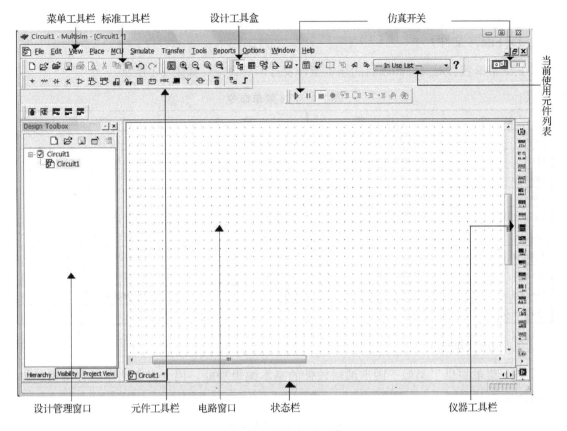

图 1-9 Multisim 13 用户界面

一、菜单工具栏

如图 1-10 所示，菜单工具栏位于 Multisim 13 用户界面的上方，由 12 个菜单组成，通过这些菜单可以对 Multisim 13 的所有功能进行操作。

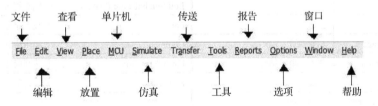

图 1-10 菜单工具栏

不难看出，菜单工具栏中有一些与大多数 Windows 平台上的应用软件一致的功能选项，如 File、Edit、View、Options、Help 等。此外，还有一些 EDA 软件专用的选项，如 Place、MCU、Simulate、Transfer 及 Tools 等。

1．File（文件）

File 菜单包含对文件和项目的基本操作及打印等命令，如表 1-1 所示。

表 1-1　File 菜单命令

命　　令	功　　能	命　　令	功　　能
New	新建原理图	Save Project	保存当前项目
Open	打开 Multisim 支持的文件	Close Project	关闭当前项目
Open Sample	打开示例文件	Version Control	版本控制
Close	关闭当前打开的文件	Print	打印
Close All	关闭所有文件	Print Preview	打印预览
Save	保存	Print Options	设置打印选项
Save As	另存为	Recent Designs	最近打开的设计文件
Save all	保存所有文件	Recent Projects	最近打开的项目文件
New Project	新建项目	Exit	退出 Multisim 13
Open Project	打开项目		

2．Edit（编辑）

Edit 菜单提供了类似于图形编辑软件的基本编辑功能，用于对电路图进行编辑，如表 1-2 所示。

表 1-2　Edit 菜单命令

命　　令	功　　能	命　　令	功　　能
Undo	撤销编辑	Order	对象置前、置后顺序
Redo	重复操作	Assign to Layer	指派所选的对象至注释层
Cut	剪切	Lay Setting	层设置
Copy	复制	Orientation	设置所选对象的方向
Paste	粘贴	Title Block Position	设置标题块的位置
Delete	删除	Edit Symbol/Title Block	编辑符号、标题块
Select All	全选	Font	设置字体
Delete Multi-Page	删除多页	Comment	编辑所选元件的注释
Paste as Subcircuit	作为子电路粘贴	Forms/Question	填写问题表格
Find	查找	Properties	设置所选对象的属性
Graphic Annotation	图形注释		

3．View（查看）

通过 View 菜单可以决定使用软件时的视图，可以对一些工具栏和窗口进行控制，View 菜单命令如表 1-3 所示。

表 1-3　View 菜单命令

命　令	功　能	命　令	功　能
Full Screen	全屏显示	Show Border	显示电路边界
Parent Sheet	激活父表	Show Page Bounds	显示页边界
Zoom In	放大显示	Ruler Bars	显示标尺栏
Zoom Out	缩小显示	Status Bar	显示工具栏
Zoom Full	全屏显示	Design Toolbox	显示设计工具盒
Zoom Area	以 100%的比率显示	Spreadsheet View	显示数据表格视图
Zoom Fit to Page	缩放至合适的比率	Circuit Description Box	显示电路注释框
Zoom to magnification	设置缩放比	Tool Bars	显示工具栏
Zoom Selection	放大所选对象	Show Comment/Probe	显示注释/探针
Show Grid	显示栅格	Grapher	显示/隐藏仿真结果图表

4．Place（放置）

通过 Place 菜单可以输入电路图，Place 菜单命令如表 1-4 所示。

表 1-4　Place 菜单命令

命　令	功　能	命　令	功　能
Component	放置元器件	Replace by Subcircuit	重选子电路替代选中的子电路
Junction	放置连接点	Muti-Page	打开新的平铺电路页面
Wire	放置连线	Merge Bus	合并总线
Bus	放置总线	BusVector Connect	放置总线矢量联结
Connector	放置连接器	Comment	放置注释
New Hierarchical Block	新建层次模块	Text	放置文本
Replace by Hierarchical Block	由层次模块重置	Graphics	放置图形
Hierarchical Block from File	从文件加载层次模块	Title Block	放置标题块
New Subcircuit	新建子电路	Place Ladder Rungs	放置梯形图

5．MCU（单片机）

MCU 菜单命令如表 1-5 所示。

表 1-5　MCU 菜单命令

命　令	功　能	命　令	功　能
No MCU Component Found	没有找到 MCU 元件	Step over	单步
Debug View Format	调试查看格式	Step out	跳出
MCU Windows	MCU 窗口	Run to cursor	运行至光标处
Show Line Number	显示行号	Toggle breakPoint	锁定断点
Pause	暂停	Remove all breakPoints	移除所有断点
Step into	跳入		

6．Simulate（仿真）

通过 Simulate 菜单可以执行仿真分析命令，如表 1-6 所示。

表 1-6　Simulate 菜单命令

命　　令	功　　能	命　　令	功　　能
Run	执行仿真	Xspice Command Line Interface	显示 Xspice 命令窗口
Pause	暂停仿真	Load Simulation Settings	加载仿真设置
Stop	停止仿真	Save Simulation Settings	保存仿真设置
Instrument	设置仪表	Auto Fault Option	自动设置故障选项
Interactive Simulation Setting	设置交互式仿真	VHDL Simulation	进行 VHDL 仿真
Digital Simulation Settings	设定数字仿真参数	DynamicProbe Properties	动态探针属性
Analyses	选用各项分析功能	Resverse Probe Direction	翻转属性方向
Postprocessor	启用后处理	Clear Instrumen Data	清除仪器数据
Simulation Error Log/Audit Trail	仿真错误记录/审计追踪	Use Tolerances	使用元件误差值

7．Transfer（传送）

Transfer 菜单提供的菜单命令可以完成 Multisim 13 对其他 EDA 软件需要的文件格式的输出，如表 1-7 所示。

表 1-7　Transfer 菜单命令

命　　令	功　　能	命　　令	功　　能
Transfer to Ultiboard 10	将电路图转换为 Ultiboard 10 的文件格式	Forward Annotate to Ultiboard 9 or earlier	向前注释至 Ultiboard 9 或者更早版本
Transfer to Ultiboard 9 or earlier	传送至 Ultiboard 9 或更早期的版本	Backannotate From Ultiboard	从 Ultiboard 返回注释
Export to PCB Layout	传送至其他 PCB 版本	Highlight Selection in Ultiboard	在 Ultiboard 中高亮度显示
Forward Annotate to Ultiboard 10	向前注释至 Ultiboard 10	Export Netlist	输出电路网表文件

8．Tools（工具）

Tools 菜单主要提供针对元器件的编辑与管理命令，如表 1-8 所示。

表 1-8　Transfer 菜单命令

命　　令	功　　能	命　　令	功　　能
ComponenWizard	元件创建向导	Clear ERC Marks	清除电气规则检查标志
Database	打开数据库	Toggle NC Marks	锁定无连接标志
Variant Manager	打开变量管理器	Symbol Editor	符号编辑器
Set Variant Manager	设置激活产品变种	Title Block Editor	标题块编辑器
Circuit Wizard	电路向导工具	Description Box Editor	电路描述框编辑器
Rename/Renumber Components	元件重命名	Edit Labels	编辑标签

命　令	功　能	命　令	功　能
Replace Component	元件替换	Capture Screen Area	捕获选择的屏幕区域
Update Circuit Components	更新电路名称	Show Breadboard	显示试验板
Update HB/SB Symbol	随子电路变化的 HB/SB 连接器的标号	Education Web Page	打开教育版网页资源
Electrical Rulers Check	电气特性规则检查		

9. Reports（报告）

通过 Reports 菜单命令可对当前电路产生各种报告，如表 1-9 所示。

表 1-9　Report 菜单命令

命　令	功　能	命　令	功　能
Bill of Materials	产生元件清单	Cross Reference Report	产生当前元件的详细参数报告
Component Detail Report	产生元件细节报告	Schematic Report	产生原理图统计信息
Netlise Report	产生元件连接信息的网络表格文件	Spare Gate Report	产生未使用门的报告

10. Options（选项）

通过 Options 菜单命令可以对软件的运行环境进行设置，如表 1-10 所示。

表 1-10　Options 菜单命令

命　令	功　能	命　令	功　能
Global　Preference	设置全局选项	Circuit Restrictions	设置编辑电路的环境参数
Sheet Properties	设置电路图属性	Customize User Interface	自定义用户界面
Global Restrictions	设置全局约束	Simplified Version	设置简化版本

11. Window（窗口）

Window 菜单命令是用于控制 Multisim 13 窗口显示的命令，如表 1-11 所示。

表 1-11　Window 菜单命令

命　令	功　能	命　令	功　能
New Windows	新建窗口	Tile Horizon	平铺窗口
Close	关闭窗口	Tile Vertical	垂直拆分
Close All	关闭所有窗口	Circuit	查看打开的窗口
Cascade	电路窗口层叠	Windows	设置 Windows 对话框

12. Help（帮助）

Help 菜单命令提供了对 Multisim 13 的在线帮助和辅助说明，如表 1-12 所示。

表 1-12　Help 菜单命令

命　　令	功　　能	命　　令	功　　能
Multisim Help	Multisim 13 的在线帮助	File Information	文件信息
Component Reference	元件帮助信息	Parents	专利信息
Release Note	Multisim 13 的发行说明	About Multisim	关于 Multisim 的版本说明
Check For Update	检查更新		

二、标准工具栏

标准工具栏包含常见的文件操作和编辑操作，方便完成原理图设计工作，其中隐藏的工具栏可以通过执行 View→Toolbars 命令选择性地打开，标准工具栏如图 1-11 所示。

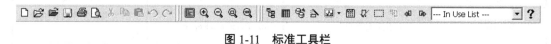

图 1-11　标准工具栏

标准工具栏从左到右的图标依次为新建、打开、打开实例文件、保存、打印、预览、剪切、复制、粘贴、撤销、重做、全屏显示、放大、缩小、区域放大、缩放至页面大小、项目浏览器、数据表格视图、数据库管理器、打开试验板、创建元件向导、图示仪/分析列表、后期处理、电气规则检查、捕获屏幕、从 Ultiboard 返回注释、向前注释至 Ultiboard、当前使用元件列表和帮助按钮。

三、仿真开关

仿真开关主要用于仿真过程的控制。仿真开关共有两处：常用工具栏右下方是仿真开关的运行（绿色箭头）、暂停（两个黑色竖条）和停止（红色方块）等按钮；界面右上角也有运行、暂停和停止 3 个按钮，这两处按钮的功能完全一样，如图 1-12 所示。

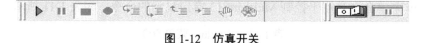

图 1-12　仿真开关

四、图形注释工具栏

如图 1-13 所示，该工具栏可通过执行 Place→Graphics 命令，或者执行 View→Toolbars→Graphic Annotation 命令打开，主要用于在电路窗口中放置各种图形，从左到右依次为放置图形、放置多边形、放置弧形、放置椭圆、放置矩形、放置线段、放置直线、放置文本、放置注释。

图 1-13 图形注释工具栏

五、项目栏

项目栏可以把有关电路设计的原理图、PCB 图、相关文件、电路的各种统计报告分类管理，还可以观察分层电路的层次结构。执行 View→DesignToolbox 命令或单击标准工具栏中的 图标，可以在工具栏左端看到相应的项目栏。

六、元件工具栏

如图 1-14 所示，该工具栏从左到右依次为电源库、基本元件库、二极管库、晶体管库、运算放大器、TTL 元件库、CMOS 元件库、数字元件库、混合元件库、指示元件库、电源类元件库、其他元件库、高级外围元件库、RF 射频元件库、机电类元件库、单片机元件、放置分层模块、放置总线。

图 1-14 元件工具栏

七、虚拟元件工具栏

执行 View→Toolbars→Virtual 命令可以显示虚拟元件工具栏，如图 1-15 所示，单击每个按钮可以打开相应的工具栏，利用工具栏可以放置各种虚拟元件。该工具栏从左到右依次为模拟元件工具栏、基本元件工具栏、二极管工具栏、晶体管工具栏、测量元件工具栏、其他元件工具栏、电源工具栏、额定元件工具栏、信号源工具栏。

图 1-15 虚拟元件工具栏

八、电路窗口

电路窗口是创建和编辑电路图、进行仿真分析、显示波形的地方。

九、仪器工具栏

仪器工具栏如图 1-16 所示，通常位于电路窗口的右边，也可以用鼠标指针将其拖曳至菜单下方，呈水平状。

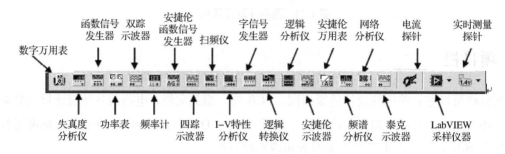

图 1-16　仪器工具栏

十、电路标签

Multisim 13 可以调用多个电路文件，每个电路文件在电路窗口的下方都有一个电路标签，单击标签，该标签对应的文件就会被激活。Multisim 13 用户界面的菜单命令和快捷键仅对被激活的文件窗口有效。

十一、状态栏

电路标签的下方就是状态栏，状态栏主要用于显示当前的操作及光标所指条目的有关信息。

十二、电路元件的属性视窗

单击标准工具栏中的 ▦ 图标，即可对当前电路文件进行元件属性统计并显示相应窗口，还可以通过该窗口改变部分或全部元件的属性，如图 1-17 所示。

Ref...	Sheet	Fam...	Value	Footprint	Description	Label	Coordinate X/Y	Rotation	Flip	Color
Vcc	1-15	PO...	12 V				C6	Unrotat...	Unfl...	Def...
U1	1-15	PO...	10...				D1	Unrotat...	Unfl...	Def...
Rs	1-15	RES...	1kΩ				C2	Unrotat...	Unfl...	Def...
Re	1-15	RES...	1.5kΩ				D4	Rotate...	Unfl...	Def...
Rc	1-15	RES...	3kΩ				B4	Rotate...	Unfl...	Def...
Rb2	1-15	RES...	20kΩ				D3	Rotate...	Unfl...	Def...
Rb1	1-15	RES...	62kΩ				C3	Rotate...	Unfl...	Def...
RL	1-15	RES...	56kΩ				D5	Rotate...	Unfl...	Def...
Q1	1-15	BJT...	2N3...	TO-92	Vceo=25;V...		C4	Unrotat...	Unfl...	Def...
Ce	1-15	CAP...	47uF				D4	Rotate...	Unfl...	Def...
C2	1-15	CAP...	10uF				C4	Unrotat...	Unfl...	Def...
C1	1-15	CAP...	10uF				C2	Unrotat...	Unfl...	Def...

图 1-17　电路元件的属性视窗

◆ **任务实施** ◆

一、启动 Multisim 13 软件

单击 Windows "开始" 菜单下的 "程序" 中的 Multisim 13，打开 Multisim 13 用户界面，在窗口中将自动建立文件名为 "Circuit1" 的电路文件。

二、放置元件

所需元件可从元件工具栏（Component Toolbar）或虚拟元件工具栏（Virtual Toolbar）中提取，两者的区别在于元件工具栏中的元件与具体型号的元件相对应，且不能在元件属性对话框中更改元件参数，只能用另一种型号的元件来代替；虚拟元件工具栏中的元件的大多参数都是该类元件的典型值，部分参数可由用户根据需要自行确定，且虚拟元件没有封装，故在制作 PCB 时，虚拟元件将不会出现在 PCB 文件中。

1. 放置电阻

单击元件工具栏中的 〰 图标，会出现 Select a Component 对话框，再单击对话框左侧的 Family 窗格中的 RESISTOR，放置电阻，如图 1-18 所示。

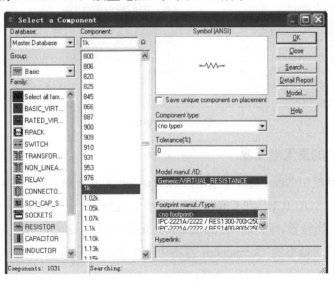

图 1-18 放置电阻

在 Select a Component 对话框中显示了元件的许多信息，在 Component 窗格中列出了许多现实的电阻元件。拖动滚动条，找到 1kΩ 电阻（图中省略单位 Ω），单击 OK 按钮或双

击相应电阻即可选中。选中的电阻将会随着鼠标指针在当前电路窗口中移动，移动到合适的地方单击鼠标左键即可将电阻放到此位置。同理，将 62kΩ、20kΩ、56kΩ、3kΩ、1.5kΩ 的电阻放置到适当位置。当电阻需垂直放置时，只要选中相应电阻后执行 Edit→Orientation →90 Clockwise（顺时针旋转）或 90 CounterCW（逆时针旋转）命令，或者选中相应的电阻元件，右击，执行 90 Clockwise 或 90 CounterCW 命令即可。

2．放置电容

放置电容与放置电阻类似，仅需要在弹出的 Select a Component 对话框左侧的 Family 窗格中单击 CAPACITOR，在 Component 窗格中，找到 10μF 的电容，如图 1-19 所示，选中，并将它放置到合适的位置。同理，在 Family 窗格中单击 CAP_ELECTRO，再在 Component 窗格中找到 47μF 的极性电容，将其放置到合适的位置。

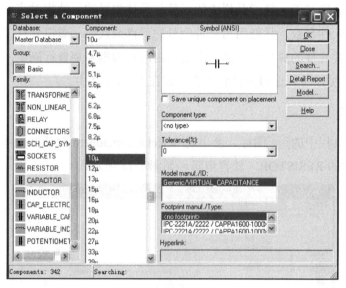

图 1-19　放置电容

3．放置 12V 的直流电压源

单击元件工具栏中的 ✚ 按钮，会弹出 Select a Component 对话框，再单击左侧的 Family 窗格中的 POWER_SOURCE，在 Component 窗格中找到 DC_POWER，如图 1-20 所示，选中，并将其放到适当位置。同理，在 Component 窗格中选中 GROUND，并将其放到合适的位置。还可以在此对话框的 Component 窗格中选中交流信号源 AC_POWER，并将其放到合适的位置。

4．放置晶体三极管

图 1-8 所示的电路选取的是晶体三极管，型号为 2N3391。单击元件工具栏中的 ✸ 按钮，会弹出 Select a Component 对话框，在 Family 窗格中选择 BJT_NPN，再在 Component

窗格中选中对应的型号，如图 1-21 所示，并将其放到合适的位置。

到此为止，该电路所需的元器件基本已被放置到电路窗口中了。

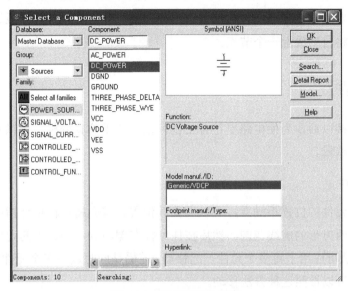

图 1-20　提取直流电压源

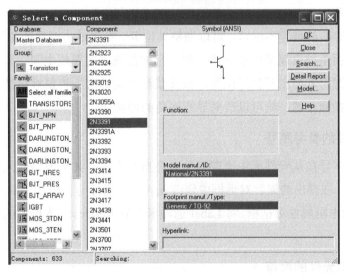

图 1-21　提取晶体三极管

三、连接电路

电路窗口中的元器件通常有两种连接方式。

（1）元件与元件间的连接。将鼠标指针移动到要进行连接的元件引脚上，鼠标指针变成中间有黑点的十字，此时单击鼠标左键并拖动，即可拖出一条实线，将鼠标指针拖曳到所要连接的元件引脚上，再次单击，即可将两个元件连接起来。

（2）元件与导线的连接。从元件的引脚开始，将鼠标指针移动到要进行连接的元件引脚上，鼠标指针变成中间有黑点的十字，此时单击鼠标左键并拖动，即可拖出一条实线，将元件移动到所要连接的导线上，再次单击鼠标左键，即可将元件与导线连接起来，同时导线的交叉点上将自动放上一个节点。

四、编辑元件

完成电路连接以后，为使电路更符合工程习惯，便于仿真分析，可以对创建完的电路图进行进一步的编辑。

1．调整元件

如果对某个元件的位置不满意，可以调整其位置。首先将鼠标指针指向该元件，选中元件后，元件被四方形的虚线包围。然后按住鼠标左键不放，将选中的元件拖曳至需要放置的位置。此方法可应用于将多个元件一起移动，前提是同时选中多个元件（利用 Ctrl 键）。元件的标注位也可以按照这种方法移动。

2．调整导线

如果对某条导线的位置不满意，可以调整其位置。首先单击要移动的导线，选中导线，此时导线两端和拐角处出现黑色小方块。将光标放在选中的导线中间，鼠标指针变成双箭头，单击鼠标左键将其拖曳至目标位置，松开鼠标左键即可；将鼠标指针放在选中的导线的拐角处，单击鼠标左键，就可以改变导线拐角的形状。

3．修改元件的参考序号

元件的参考序号在从元件库中提取元件时会自动产生，如果要修改元件的参考序号，可以双击该元件，在弹出的属性对话框中修改元件的参考序号。例如，双击"R2"，会弹出如图 1-22 所示的电阻属性对话框，将 Label 选项卡上的 RefDes 文本框内的"R2"改为"Rb1"即可。

4．修改虚拟元件的数值

电路窗口中的虚拟元件的数值都是默认值，可通过属性对话框修改其大小。例如，交流信号源的默认频率为 60Hz，振幅为 120V，双击交流信号源弹出其属性对话框，在 Value 选项卡中，通过 Voltage 文本框将交流信号源的振幅设置为 10mV，通过 Frequency 文本框将交流信号源的频率设置为 1kHz。

5．显示电路节点号

连接电路后，为了区分电路的不同节点的波形或电压，通常要给每个节点标注序号。

执行 Option→Sheet Properties 命令，弹出 Sheet Properties 对话框，如图 1-23 所示。在 Circuit 选项卡中，选中 Net Names 中的 Show All 单选按钮，单击 OK 按钮。电路图中的节点将全部显示出来。

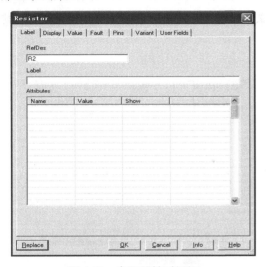

图 1-22　电阻属性对话框

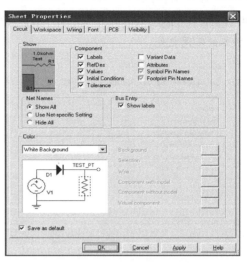

图 1-23　Sheet Properties 对话框

6. 保存电路文件

编辑完电路图后需保存电路文件。存盘方式与多数 Windows 应用程序相同，默认文件名为"Circiut1.ms10"，也可以更改文件名。

■■■ 拓展阅读

虚拟元件与现实元件的转换方法

需特别指出的是，Multisim 13 软件具有以前版本的虚拟元件功能，常用的电阻、电容和电感等元件的参数均可以修改。调出元件时，图形符号均呈黑色，并非像以前的版本那样呈蓝色，它们属于现实元件，自然不能将其直接导入 Ultiboard 10 软件进行制版，但不进行修改并不影响它们搭建电路进行虚拟仿真实验。若要将设计的电路内容无缝链接到 NI Ultiboard 10 进行制版，则需要选择它们的引脚类型，使元件的图形符号由黑色变成蓝色，具体操作如下。

（1）任意调出一个黑色的电阻图形符号（或其他呈蓝色的属于现实元件的电阻图形符号），如图 1-24 所示。

图 1-24　黑色的电阻图形符号

（2）双击电阻图形符号，将弹出如图 1-25（a）所示的 Resistor 对话框，在 Value 选项卡下，单击对话框左下角 Replace 按钮，将弹出如图 1-25（b）所示的 Select a Component 对话框，拉动对话框右下角的 Footprint manufacturer/type：滚动条，找到 IPC-2221A/2222/RES900-300×200，并选中它。单击 OK 按钮退出，电阻图形符号即可变成蓝色。通过这项操作，可以将所有的电阻图形符号用这种类型代替，以后再调出的电阻图形符号均呈蓝色，还可以将电路设计内容无缝链接到 Ultiboard 10 中进行制版。若不是将所有的电阻图形符号选用同一引脚封装类型，则可以在每次调用某一元件时，在 Footprint manufacturer/type：滚动条中选取不同的引脚封装类型，这是电子仿真软件 Multisim 13 与以前的版本的不同之处。

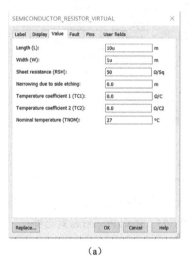
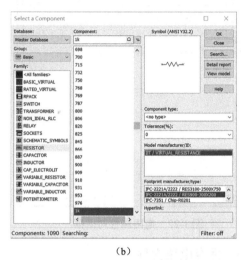

（a）　　　　　　　　　　　　　　　　　（b）

图 1-25　Resistor 对话框和 Select a Component 对话框

其他诸如电容、电感、电位器等元件图形符号均可按上述方法处理，此处不再赘述。

思考与练习

1．虚拟元件和真实元件的区别是什么？

2．试在 Multisim 13 电路窗口中创建如图 1-26 所示的电路图。

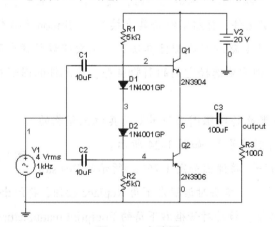

图 1-26　电路图

任务 1.3　Multisim 13 软件仿真共发射极放大电路

教学目标

（1）了解 Multisim 13 的仿真方法。

（2）了解 Multisim 13 软件中的虚拟仪器。

（3）熟练掌握万用表、示波器的使用方法。

◆ 任务引入 ◆

共发射极放大电路图如图 1-27 所示，试用 Multisim 13 软件的虚拟仪器进行相关数据的测量。

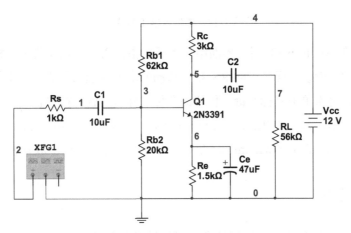

图 1-27　共发射极放大电路图

◆ 任务分析 ◆

该电路图是简单的共发射极放大电路图，当 U_i=0 时，称该共发射极放大电路处于静态。在输入回路中，基极电源使三极管 B～E 间的电压 U_{BE} 大于开启电压，并与基极电阻共同决定基极电流；在输出回路中，集电极电源电压应足够高，使三极管的集电结反向偏置，以保证三极管工作在放大状态。

当 $U_i \neq 0$ 时，在输入回路中，会在静态值的基础上产生一个动态的基极电流，当然，在输出回路中就可以得到动态电流，集电极电阻将集电结电流的变化转化成电压的变化，即使得管压降 U_{CE} 产生变化，管压降的变化量就是输出动态电压 U_o，从而实现了电压放大。直流电源 Vcc 为输出电压提供所需的能量。

◆ **相关知识** ◆

虚拟仪器在电路仿真时起到了非常重要的作用，Multisim13 提供了 21 种默认的虚拟仪器，还可以通过 LabVIEW 建立虚拟仪器及通过 ELVIS II 实现仪器的扩展使用。虚拟仪器工具栏如图 1-28 所示。

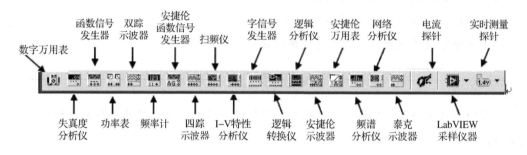

图 1-28　虚拟仪器工具栏

一般来说，在 Multisim13 用户界面中，用鼠标指针指向虚拟仪器工具栏中需放置的仪器，单击鼠标左键，就会出现一个随鼠标指针移动的虚拟显示的仪器框，将其拖动至电路窗口中合适的位置，再次单击鼠标左键，仪器的图标和标识符就会被放置到工作区中。若虚拟仪器工具栏没有显示出来，可以执行 View→Toolbars→Instrument Toolbars 命令，显示虚拟仪表工具栏，或执行 Simulate→Instruments 命令，也可以在电路窗口中放置相应的仪器。

一、数字万用表

数字万用表是一种多功能的常用仪器，可以用来测量直流或交流电压、直流或交流电流、电阻及电路两节点的电压损耗分贝等，它的量程根据待测量参数的大小而定，其内阻和流过的电流可设置为近似的理想值，也可根据需要更改。

数字万用表的图标和面板如图 1-29 所示。

图 1-29　数字万用表的图标和面板

1．功能的选择

在数字万用表面板中的参数显示框下面有 4 个功能选择键，其具体功能如下。

（1）电流挡：测量电路中某支路的电流。测量时，数字万用表应串联在待测支路中。用作电流表时，数字万用表的内阻非常小，为 $1n\Omega$。

（2）电压挡：测量电路两节点之间的电压。测量时，数字万用表应与两节点并联。用作电压表时，数字万用表的内阻非常大，可达 $1G\Omega$。

（3）欧姆挡：测量电路两节点之间的电阻。被测两节点间的所有元件被当作"元件网络"。测量时，数字万用表应与"元件网络"并联。

（4）电压损耗分贝挡：测量电路中两节点间损耗的分贝值。测量时，数字万用表应与两节点并联。电压损耗分贝的计算公式为

$$dB = 20 \times \log_{10}\left(\frac{U_o}{U_i}\right) \tag{1-1}$$

默认计算分贝的标准电压是 1V，但可以在设置面板中改变其值。式中，U_o 和 U_i 分别为输出电压和输入电压。

2．被测信号的类型

（1）交流挡：测量交流电压或电流信号的有效值。

（2）直流挡：测量直流电压或电流信号的大小。

3．面板设置

理想仪表在测量时对电路没有任何影响，即理想的电压表有无穷大的内阻并且没有电流通过，理想的电流表的内阻为零。但实际上，电压表的内阻并不是无穷大的，电流表的内阻也不为零。因此，测量的结果只是电路的估计值，并不完全准确。

在 Multisim 13 软件中，可以通过设置数字万用表的内阻来真实地模拟实际仪表的测量结果。

（1）单击数字万用表面板的 Set 按钮，弹出 Multimeter Settings 对话框，如图 1-30 所示。

（2）设置相应的参数。

（3）设置完成后，单击 Accept 按钮保存设置；单击 Cancel 按钮取消本次设置。

例 1.1 电路连接如图 1-31 所示，利用数字万用表测电压、电压损耗分贝和电阻，不同的是将数字万用表分别设置成电压挡、电压损耗分贝挡和欧姆挡。

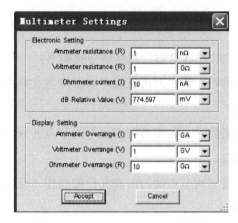

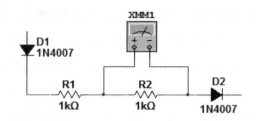

图 1-30　Multisim Settings 对话框　　　　　图 1-31　电路连接

二、函数信号发生器

函数信号发生器是一个能产生正弦波、三角波和方波的信号源。可以为电路提供方便、真实的激励信号，输出信号的频率范围，它不仅可以为电路提供常规的交流信号，还可以产生音频和射频信号，并且可以调节输出信号的频率、振幅、占空比和偏差等参数。

函数信号发生器的图标和面板如图 1-32 所示。函数信号发生器有 3 个接线端："+"输出端产生一个正向的输出信号，公共端（Common）通常接地，"-"输出端产生一个反向的输出信号。

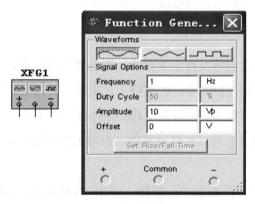

图 1-32　函数信号发生器的图标和面板

1．功能的选择

单击如图 1-32 所示的正弦波、三角波或方波的条形按钮，就可以选择相应的输出波形。

2．信号参数选择

（1）Frequency（频率）：设置输出信号的频率，设置的范围为 1Hz～999MHz。

28

（2）Duty Cycle（占空比）：设置输出信号的持续期和间歇期的比值，设置的范围为 1%～99%。

（3）Amplitude（振幅）：设置输出信号的幅度，设置的范围为 1V～999kV。

（4）Offset（偏差）：设置输出信号中直流分量的大小，设置的范围为−999kV～+999kV。

此外，单击 Set Rise/Fall Time 按钮，会弹出 Set Rise/Fall Time 对话框，在该对话框中可以设置输出信号的上升/下降时间。注意：Set Rise/Fall Time 对话框只对方波信号有效。

例 1.2　将函数信号发生器的公共端接地，分别从"+"端和"−"端输出正弦波，电路连接和输出波形如图 1-33 所示。设置函数信号发生器的振幅为 10V，观察到输出的正弦波的振幅都是 10V，与函数信号发生器设置的振幅相同，A、B 波形在相位上为反相。

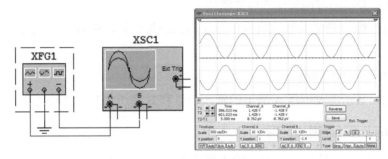

图 1-33　电路连接和输出波形

三、双踪示波器

双踪示波器（Oscilloscope）是实验室中常用到的一种仪器，它不仅可以显示信号的波形，还可以通过显示的波形来测量信号的频率、振幅和周期等。

双踪示波器的图标和面板如图 1-34 所示。双踪示波器有 6 个端子，A、B 端点分别为两个通道，Ext Trig 为扩展触发输入端。

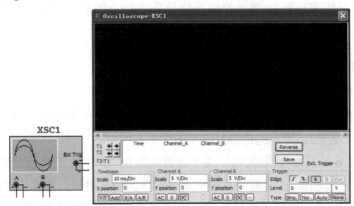

图 1-34　双踪示波器的图标和面板

双踪示波器的面板主要由显示屏、游标测量参数显示区、Timebase 区、Channel A 区、Channel B 区和 Trigger 区 6 部分组成。

1．Timebase（时间基准）区

Timebase 区用来设置 X 轴的时间基准扫描时间。

（1）Scale（时间标尺）：设置 X 轴方向的每一大格所表示的时间。单击该栏会出现一对上下翻转的箭头，可根据显示信号频率的高低通过上下翻转箭头选择合适的时间刻度。例如，对于一个周期为 1kHz 的信号，时间基准参数应设置为 1ms 左右。

（2）X position（X 轴位置）：表示 X 轴方向的时间基准的起点位置。

（3）Y/T：显示随时间变化的信号波形。

（4）B/A：将 A 通道的输入信号作为 X 轴的扫描信号，将 B 通道的输入信号施加在 Y 轴上。

（5）A/B：与 B/A 相反。

（6）Add：显示的波形是 A 通道的输入信号和 B 通道的输入信号之和。

2．Channel A（通道 A）区

Channel A 区用来设置 A 通道的输入信号在 Y 轴上的显示刻度。

（1）Scale：设置 Y 轴的刻度。

（2）Y position：设置 Y 轴的起点。

（3）AC：显示信号的波形只含有 A 通道的输入信号的交流成分。

（4）0：A 通道的输入信号被短路。

（5）DC：显示信号的波形含有 A 通道的输入信号的交流成分和直流成分。

3．Channel B（通道 B）区

Channel B 区用来设置 B 通道的输入信号在 Y 轴上的显示刻度，其设置方法与 A 通道相同。

4．Trigger（触发）区

Trigger 区用来设置双踪示波器的触发方式。

（1）Edge（边沿）：表示将输入信号的上升沿或下降沿作为触发信号。

（2）Level（电平）：用于选择触发电平的大小。

（3）Sing.（单触发）：当触发电平高于设置的触发电平时，双踪示波器就触发一次。

（4）Nor.（一般触发）：只要触发电平高于设置的触发电平，双踪示波器就触发一次。

（5）Auto（自动）：若输入信号的变化比较平坦或只要有输入信号就尽可能显示波形，就选择该选项。

（6）A：用 A 通道的输入信号作为触发信号。

（7）B：用 B 通道的输入信号作为触发信号。

（8）Ext.：用双踪示波器的外触发端的输入信号作为触发信号。

5．游标测量参数显示区

游标测量参数显示区用来显示两个游标所测得的显示波形的数据。游标测量参数有游标所在的时刻、两游标的时间差、通道 A 和通道 B 的输入信号在游标处的信号幅度。通过单击游标中的左右箭头可以移动游标。

例 1.3　用双踪示波器观测李沙育图形，如图 1-35 所示。

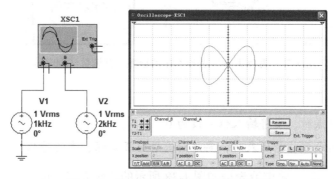

图 1-35　用双踪示波器观测李沙育图形

───────── ◆ **任务实施** ◆ ─────────

创建电路图以后，利用 Multisim 13 提供的仪表可以对电路进行仿真分析。

在电路窗口的仪器工具栏中，Multisim 13 提供了 21 种仪器，基本上可以满足虚拟电子工作台的需求。

一、函数信号发生器的设置。

函数信号发生器的设置：正弦波，频率为 1kHz，振幅为 10mV，如图 1-36 所示。

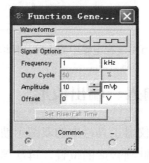

图 1-36　函数信号发生器的设置

二、用数字万用表测量静态工作点。

（1）首先测量 U_{BE} 和 U_{CE}，电压表按如图 1-37 所示的连接方式连接。

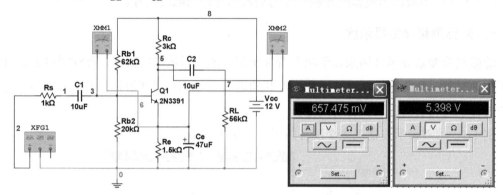

图 1-37　数字万用表在电路中的连接及其读数（测电压）

■■■ 特别提示

测量静态工作点时，要将输入信号设为 0。

当将数字万用表用作电压表时，要注意选择电压量程、直流挡位。

（2）测量 I_{CQ}、I_{EQ}，将电流表按如图 1-38 所示的连接方式连接。

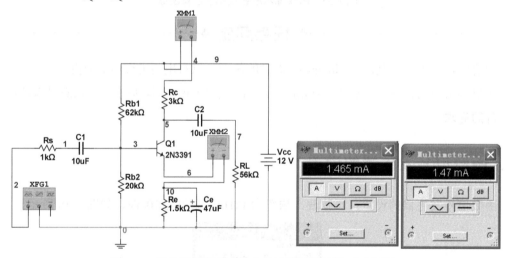

图 1-38　数字万用表在电路中的连接及其读数（测电流）

三、用双踪示波器测量输入、输出波形。

（1）连接双踪示波器。单击仪器工具栏中的双踪示波器按钮，鼠标指针处会出现一个双踪示波器的图标，移动鼠标指针到合适的位置，再次单击，即可把双踪示波器放到指定位置。双踪示波器上有 6 个端子，底部的 4 个端子分别是 A 通道和 B 通道的信号的正负极接线端，右侧的 Ext 和 Trig 两个端子分别是扩展触发的正负极接线端，连接双踪示波器后的电路图如图 1-39 所示。

（2）观察波形。单击仿真按钮，双击双踪示波器图标，就会在双踪示波器的显示屏上显示输入和输出的信号波形。若显示结果不理想，调整时间刻度、A/B 通道的幅值刻度和垂直偏差，即可显示清晰的波形，如图 1-40 所示。

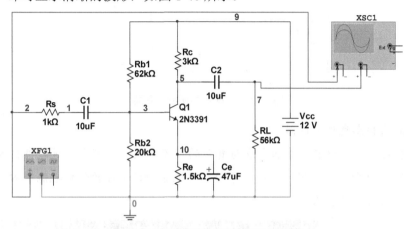

图 1-39 连接双踪示波器后的电路图

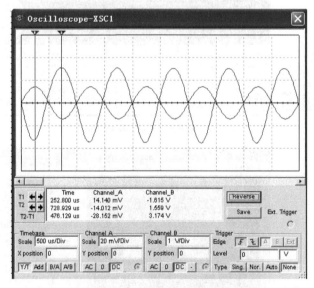

图 1-40 双踪示波器显示的波形

■■ 拓展阅读

虚拟仪器介绍

一、频率计

频率计主要用来测量信号的频率、周期、相位，以及脉冲信号的上升沿和下降沿。频率计的图标、面板如图 1-41 所示。在使用频率计时应注意根据输入信号的幅值调整频率计的 Sensitivity（灵敏度）和 Trigger Level（触发电平）。

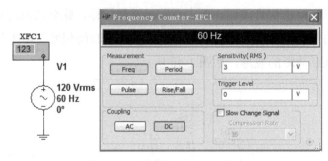

图 1-41　频率计的图标、面板

二、安捷伦和泰克仿真仪器

安捷伦和泰克仿真仪器从界面上看与真实的仪器相同，是完全通过软件技术实现的仿真仪器，如图 1-42 所示。使用过这些型号的真实仪器的读者在软件中也能很方便地使用这些仪器实现所需的测量操作。

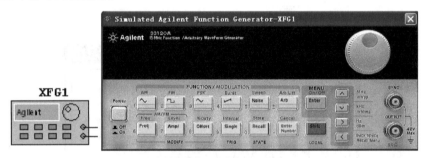

（a）安捷伦函数信号发生器 33120A

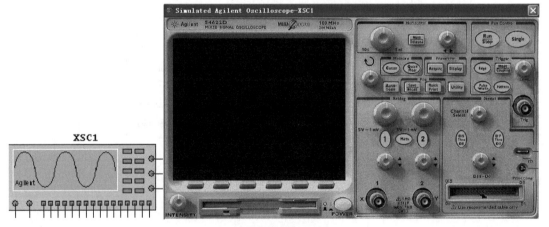

（b）安捷伦示波器 54622D

图 1-42　安捷伦和泰克仿真仪器

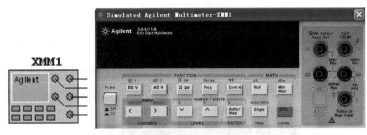

（c）安捷伦万用表33401A

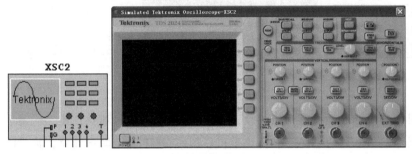

（d）泰克示波器 TDS2024

图1-42 安捷伦和泰克仿真仪器（续）

三、四踪示波器

四踪示波器的使用方法和参数调整方式与双踪示波器完全一样，只是四踪示波器多了一个通道控制器旋钮，当将旋钮拨到某个通道的位置时，才能对该通道的 Y 轴进行调整。

例 1.4 用四踪示波器观察分频器波形，如图 1-43 所示。输入端加入了一个矩形波信号源，在电路中接入四踪示波器。将示波器的 A 通道与输入信号相连，将 B 通道与 JK 触发器的 Q 端相连，将 C 通道与 JK 触发器的-Q 端相连，如图 1-43 所示。

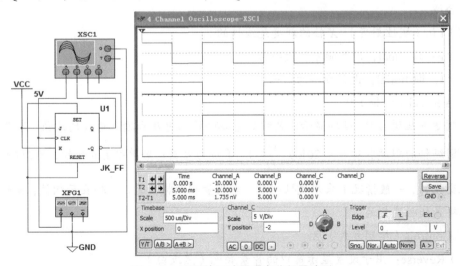

图 1-43 用四踪示波器观察分频器波形

四、波特图仪

波特图仪是一种测量和显示幅频与相频特性曲线的仪表，它能够产生的扫描信号的频率范围很宽，常用于分析滤波电路的特性。波特图仪的图标和面板如图 1-44 所示。

图 1-44　波特图仪的图标和面板

波特图仪的图标和面板有两组端口，左侧的 IN 表示输入端口，其 "+" 和 "−" 输入端分别接被测电路输入端的正端子和负端子；右侧的 OUT 表示输出端口，其 "+" 和 "−" 输出端分别接被测电路输出端的正端子和负端子。电路中任何交流信号源的频率都不会影响波特图仪对电路特性的测量；使用波特图仪测量电路特性时，被测电路中必须有一个交流信号源。

1．Mode（模式）区

（1）Magnitude（幅值）：面板左侧的显示窗口显示被测电路的幅频特性。

（2）Phase（相位）：面板左侧的显示窗口显示被测电路的相频特性。

2．Horizontal（横轴）区

（1）Log（对数刻度）：X 轴的刻度取对数，即 log$f$。当被测电路的幅频特性较宽时，选用它较合适。

（2）Lin（线性刻度）：X 轴的刻度是线性的。

（3）F：即 Final，设置频率的最终值。

（4）I：即 Initial，设置频率的初始值。

3．Vertical（纵轴）区

当测量电压增益时，纵轴显示的是被测电路的输出电压和输入电压的比值。若单击 Log 按钮，则纵轴的刻度取对数（$20\log_{10}\dfrac{U_{\mathrm{o}}}{U_{\mathrm{i}}}$），单位为分贝；若单击 Lin 按钮，则纵轴的刻度是线性变化的，一般情况下采用线性刻度。当测量相频特性时，纵轴表示相位，单位是度，刻度始终是线性变化的。

4．Controls（控制方式）区

（1）Reverse：用于设置显示窗口的背景颜色（黑或白）。

（2）Save：保存测量结果。

（3）Set…：单击该按钮，会弹出 Settings Dialog 对话框。在该对话框中可设置扫描的分辨率。设置的数值越大，分辨率越高，运行时间越长。

例 1.5　用波特图仪观察一阶 RC 滤波电路的特性。在 RC 滤波电路的输入端加入正弦波信号源，将输出端与示波器相连，其目的是观察不同频率的输入信号经过 RC 滤波电路后输出信号的变化情况。波特图仪的输入通道与输入信号相连，波特图仪的输出通道与 RC 滤波电路的输出端相连，电路、函数信号发生器、双踪示波器和波特图仪的连接如图 1-45 所示。

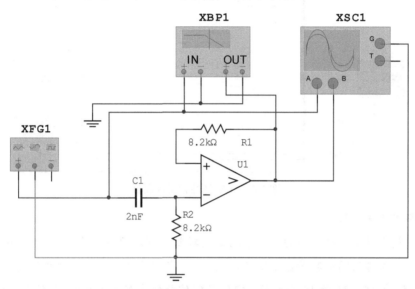

图 1-45　电路、函数信号发生器、双踪示波器和波特图仪的连接

双击波特图仪的图标，采用对数坐标，单击波特图仪的 Magnitude 按钮，根据电路中电阻和电容的取值调整横轴频率测试范围的初值 I 和终值 F，并调整纵轴幅值测试范围的初值 I 和终值 F。打开仿真开关，单击 Magnitude 按钮，可在波特图的观察窗口中看到幅频特性曲线；单击 Phase 按钮，可在波特图的观察窗口中看到相频特性曲线，如图 1-46 所示。

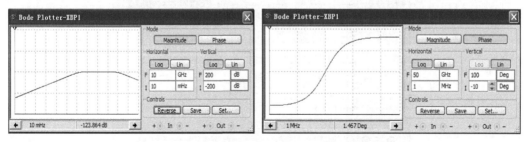

图 1-46　用波特图仪观察一阶 RC 滤波电路的特性

五、I-V 特性分析仪

I-V 特性分析仪又称伏安特性分析仪，专门用来分析晶体管的伏安特性曲线，如二极

管、NPN 管、PNP 管、NMOS 管和 PMOS 管等器件。I-V 特性分析仪相当于实验室中的晶体管图示仪，需要将晶体管与连接电路完全断开，才能进行 I-V 特性分析仪的连接和测试。

例 1.6　利用 I-V 特性分析仪观测晶体管的伏安特性曲线。

I-V 特性分析仪的图标中有 3 个连接点可以与晶体管连接，双击 I-V 特性分析仪图标，打开 I-V 特性分析仪面板，如图 1-47 所示，该面板分为两部分：左侧是伏安特性显示窗口，右侧是功能选项。

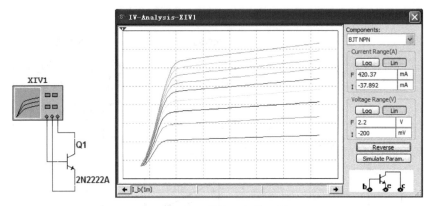

图 1-47　I-V 特性分析仪面板

六、字信号发生器

字信号发生器是一种通用的数字激励源编辑器，可以用多种方式产生 32 位的字符串。

字信号发生器的图标和面板如图 1-48 所示。字信号发生器图标的左侧有 0~15 号 16 个端子，右侧有 16~31 号 16 个端子，它们是字信号发生器所产生的 32 位数字信号的输出端。字信号发生器图标的底部有两个端子，其中，R 端子为输出信号准备好标志信号，T 端子为外触发信号输入端。双击字信号发生器图标，屏幕上会显示字信号发生器面板，该面板由两部分组成：左侧是控制面板，右侧是字信号发生器的字符窗口。

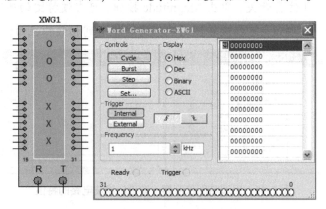

图 1-48　字信号发生器的图标和面板

1. Controls（控制方式）区

Controls 区用于设置字信号发生器的输出信号的格式。

（1）Cycle（周期性输出字符）：按照预先设置的周期，循环不断地产生字符。

（2）Burst（脉冲式输出字符）：从初始值开始，逐条输出字符，直至终止值。

（3）Step（单步输出字符）：每单击一次鼠标就输出一条字符。

（4）Set...（设置）：单击此按钮，会弹出 Settings 对话框，如图 1-49 所示。

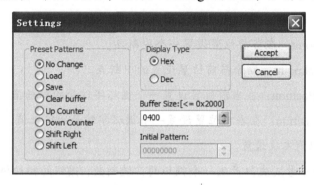

图 1-49 Settings 对话框

Settings 对话框主要用于设置和保存字信号变化的规律或调用以前的字信号的变化规律的文件，其各选项的具体功能如下所述。

① No Change：不变。

② Load：调用以前设置的字信号规律的文件。

③ Save：保存所设置的字信号规律。

④ Clear buffer：清除字信号缓冲区的内容。

⑤ Up Counter：表示字信号缓冲区的内容按逐个"+1"的方式编码。

⑥ Down Counter：表示字信号缓冲区的内容按逐个"–1"的方式编码。

⑦ Shift Right：表示字信号缓冲区的内容按右移方式编码。

⑧ Shift Left：表示字信号缓冲区的内容按左移方式编码。

2. Display（显示方式）区

（1）Hex：字信号缓冲区的字信号以十六进制显示。

（2）Dec：字信号缓冲区的字信号以十进制显示。

（3）Binary：字信号缓冲区的字信号以二进制显示。

（4）ASCII：字信号缓冲区的字信号以 ASCII 进制显示。

3. Trigger（触发方式）区

字信号发生器的触发信号可以是 Internal（内部触发）也可以是 External（外部触发），

触发电平可以取上升沿或下降沿，所有这些选择都可以用鼠标完成。

4. Frequency（字符产生频率）区

用于设置输出字信号的频率。

5. 缓存器视窗

缓存器视窗显示所设置的字信号格式，单击缓存器视窗的左侧栏,会弹出如图 1-50 所示的控制字输出的菜单，其具体功能如下。

（1）Set Cursor：设置字信号发生器开始输出字信号的起点。

（2）Set Breakpoint：在当前位置设置一个中断点。

（3）Delete Breakpoint：删除当前位置设置的中断点。

（4）Set Initial Position：在当前位置设置一个循环字信号的初始值。

（5）Set Final Position：在当前位置设置一个循环字信号的终止值。

（6）Cancel：取消本次设置。

例 1.7 利用字信号发生器产生一个循环的二进制数，循环的初始值为 00000006H，循环的终止值为 0000000DH，字信号发生器输出的初始值为 00000008H，在 00000000A 处设置了一个断点。用 LED 显示输出的状态，字信号发生器的设置如图 1-51 所示。

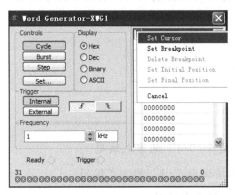
图 1-50 控制字输出的菜单

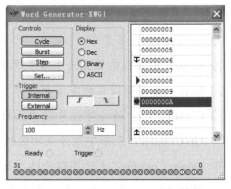
图 1-51 字信号发生器的设置

七、逻辑转换仪

逻辑转换仪用于对组合电路进行分析，它可以在逻辑电路、真值表和逻辑表达式之间进行切换。逻辑转换仪的图标和面板如图 1-52 所示。

逻辑转换仪的图标共有 9 个端子，左侧的 8 个端子用来连接电路输入端的节点，最右边的 1 个端子为输出端子。通常只有在将逻辑电路转化为真值表时才将逻辑转换仪的图标与逻辑电路连接起来。

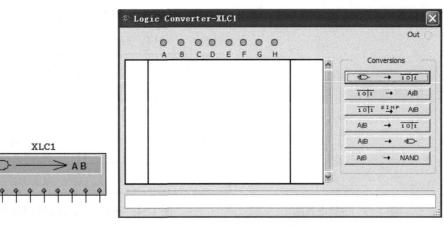

图 1-52　逻辑转换仪的图标和面板

1. 变量选择区

变量选择区在逻辑转换仪的面板的最上面，罗列了可供选择的 8 个变量。单击某个变量，该变量就会自动添加到面板的真值表中。

2. 真值表区

真值表区又分为 3 栏，左边的显示栏显示输入变量的取值所对应的十进制数，中间的显示栏显示输入变量的各种组合，右边的显示栏显示逻辑函数的值。

3. 转换类型显示区

（1）　![转换图标]　：将逻辑电路图转换为真值表，具体步骤如下。

① 将逻辑电路的输入端连接到逻辑转换仪的输入端。

② 将逻辑电路的输出端连接到逻辑转换仪的输出端。

③ 单击　![转换图标]　按钮，电路真值表就会出现在逻辑转换仪的面板的真值表区中。

（2）　![转换图标]　：将真值表转换为逻辑表达式

（3）　![转换图标]　：将真值表转换为最简逻辑表达式。

（4）　![转换图标]　：由逻辑表达式转换为真值表。

（5）　![转换图标]　：由逻辑表达式转换为逻辑电路

（6）　![转换图标]　：由逻辑表达式转换为与非门逻辑电路。

4. 逻辑表达式显示区

在执行相关的转换功能时，可以在该条形框中显示或填写逻辑表达式。

例 1.8　试求如图 1-53 所示的逻辑电路图的真值表。

首先创建逻辑电路图，并将逻辑转换仪接入电路；然后单击　![转换图标]　按钮，将逻辑电路图转换为真值表，如图 1-54 所示。

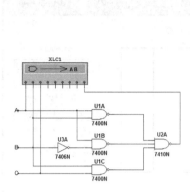

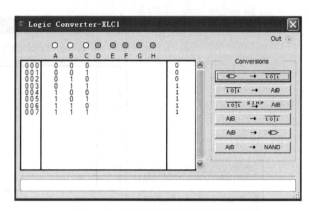

图 1-53　逻辑电路图　　　　　　　　图 1-54　将逻辑电路图转换为真值表

八、逻辑分析仪

逻辑分析仪用作数字信号的高速采集和时序分析，可以同步记录和显示 16 路逻辑信号。逻辑分析仪的图标和面板如图 1-55 所示。

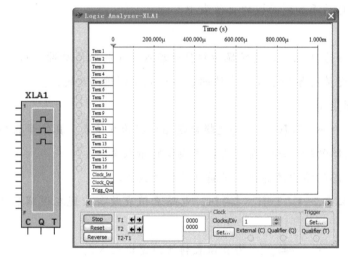

图 1-55　逻辑分析仪的图标和面板

逻辑分析仪的图标的左侧从上到下有 16 个信号输入端，用于接入被测信号。图标的底部有 3 个端子，C 端子是外部时钟输入端，Q 端子是时钟控制输入端，T 端子是触发控制输入端。

1. 波形显示区

用于显示 16 路输入信号的波形，所显示的波形的颜色与该输入信号的连线的颜色相同，其左侧有 16 个小圆，分别代表 16 个输入端，若某个输入端连接被测信号，则该小圆圈内会出现一个黑点。

2. 显示控制区

用于控制波形的显示和清除，它的左下部有 3 个按钮，其功能如下。

（1）Stop（停止）：若逻辑分析仪没有触发，单击该按钮表示放弃已存储的数据；若逻辑分析仪已经被触发并且显示了波形，单击该按钮表示停止逻辑分析仪的波形继续显示，但整个电路的仿真仍然继续。

（2）Reset（复位）：清除逻辑分析仪已经显示的波形，并为满足触发条件后数据波形的显示做好准备。

（3）Reverse（反相显示）：设置逻辑分析仪波形显示区的背景颜色。

3．游标控制区

主要用于读取 T1、T2 所在位置的时刻。移动 T1、T2 右侧的箭头可以改变 T1、T2 在波形区显示的位置，从而显示 T1、T2 所在位置的时刻，并计算出 T1、T2 的时间差。

4．时钟控制区

通过 Clock/Div 数值框可以设置波形显示区每个水平刻度所显示的时钟脉冲的个数。单击 Set…按钮会弹出如图 1-56 所示的 Clock setup 对话框。

（1）Clock Source（时钟源）：主要用于设置时钟脉冲的来源，可选择外触发或内触发。

（2）Clock Rate（时钟频率）：设置时钟脉冲的频率，在 1Hz～100MHz 之间选择。

（3）Sampling Setting（取样点设置）：用于设置取样方式。

（4）Threshold Volt.(V)：设置阈值电压。

5．触发控制区

用于设置触发方式。单击 Set…按钮，弹出 Trigger Settings 对话框，如图 1-57 所示，可以选择的触发设置有边沿设置和模式设置。

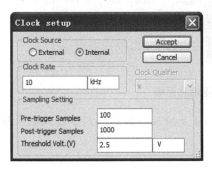
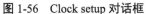

图 1-56　Clock setup 对话框

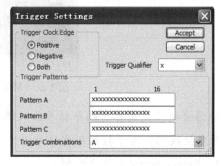

图 1-57　Trigger Settings 对话框

（1）Trigger Clock Edge（触发边沿）：选择脉冲沿触发。

（2）Positive（上升沿）：选择上升沿触发。

（3）Negative（下降沿）：选择下降沿触发。

（4）Both（双向触发）：选择上升沿和下降沿触发。

（5）Trigger Patterns（触发模式）：由 Pattern A、Pattern B、Pattern C 定义触发模式。

（6）Trigger Combinations（触发组合）：有 21 种触发方式可以选择。

例 1.9 利用逻辑分析仪观察字信号发生器的输出信号,逻辑分析仪与字信号发生器的连接与设置如图 1-58 所示,逻辑分析仪的显示如图 1-59 所示。

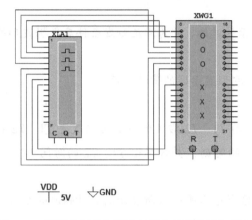
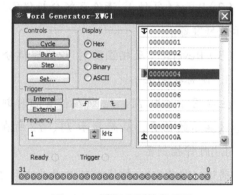

图 1-58 逻辑分析仪与字信号发生器的连接与设置　　　　图 1-59 逻辑分析仪的显示

九、频谱分析仪

频谱分析仪用于测量频率的振幅,频谱仪可测量不同频率下信号的能量,也可以用于确定存在的信号的频率,频谱分析仪的图标和面板如图 1-60 所示。

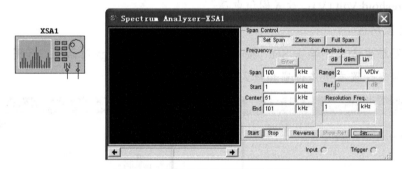

图 1-60 频谱分析仪的图标和面板

频谱分析仪的图标有两个信号输入端,其中,IN 是输入接线端,用于接入输入信号;T 是触发接线端,用于接入触发信号。

1. Span Control(跨度控制)

Span Control 设置包括 Set Span(设置跨度)、Zero Span(零跨度)、Full Span(全跨度)。

2. Frequency(频率)

Frequency 用于设置频率的跨度大小、起始/中间/末端频率的值。

3. Amplitude(幅度)

Amplitude 需要选择显示的模式,包括 dB(分贝)、dBm(毫瓦分贝)、Lin(线性),默认选择 Lin。

4．Set...（设置触发方式）

Trigger Source（触发源）：Internal（内触发）、External（外触发）。

Trigger Mode（触发模式）：Continuous（连续触发）、Single（单次触发）。

例 1.10 利用频谱分析仪观察调频源的输出信号，频谱分析仪与调频源的连接及显示如图 1-61 所示。

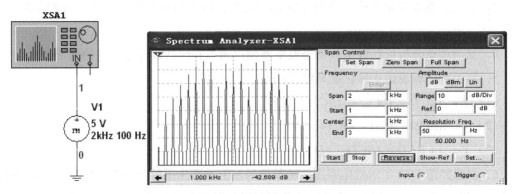

图 1-61 频谱分析仪与调频源的连接及显示

十、电流探针

电流探针的功能是直接将电路中的电流信号通过探针传输至示波器，利用示波器读取电流信号，这对于观测电流信号的方向非常重要，也很快捷。利用电流探针测量流过节点 1 的电流矢量，传输给示波器，与电容 C1 上的电压矢量进行比较，如图 1-62 所示。

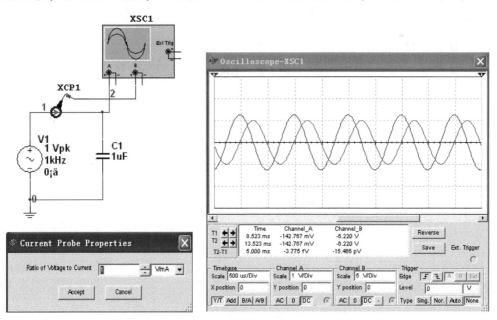

图 1-62 电流探针的连接及显示

思考与练习

1．试改变数字万用表中的电流挡和欧姆挡的内阻，观察其对测量精度是否有影响。

2．试用示波器的 A、B 通道同时测量某正弦信号，扫描（时基）方式分别为 Y/T 和 A/B，观察显示波形的差异，思考其原因。

3．利用函数发生器产生频率为 5kHz、振幅为 10V 的正弦信号，用示波器观察输出波形。

4．试用逻辑分析仪观察函数信号发生器使用递增和递减编码方式时的输出波形。

5．将下列逻辑表达式转化成真值表：

（1）$Y = \overline{ABCD} + \overline{ABC}\overline{D} + \overline{ABCD} + \overline{ACD}$。

（2）$Y = A\overline{BCD} + A\overline{CD} + A\overline{BD} + \overline{ACD}$。

（3）$Y = \overline{A} + B\overline{CD} + \overline{ABCD} + A\overline{D}$。

6．创建如图 1-63 所示的电路图，函数信号发生器产生振幅为 20V、频率为 1kHz 的正弦信号，用示波器观察波形，并比较函数信号发生器的 3 种接法的输出波形的特点。

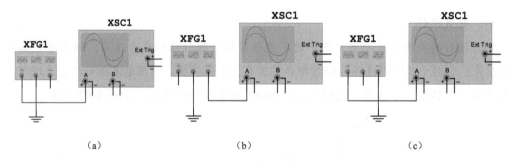

(a)　　　　　　　　　　　(b)　　　　　　　　　　　(c)

图 1-63　电路图

项目二　基本分析法的应用

 引言

Multisim 13 提供了 18 种基本分析法，利用 Multisim 13 提供的这些分析工具可以了解电路的基本情况，测量和分析电路的各种响应，其分析精度比实际仪器高，测量范围也比实际仪器广。本项目将详细介绍这些基本分析方法的作用、建立分析过程的方法、分析工具中对话框的使用方法及测试结果的分析方法等内容。

◆ 任务 2.1　基本仿真分析法的应用

教学目标

（1）用直流工作点分析法计算电路的静态工作点。

（2）用交流分析法对电路进行交流频率响应分析。

（3）用瞬态分析法观测输入和输出信号的波形图。

——————◆ 任务引入 ◆——————

利用 Multisim 13 设计如图 2-1 所示的单管放大电路，并对其进行仿真分析。

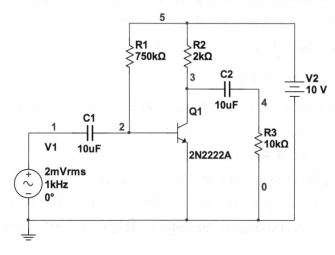

图 2-1　单管放大电路

◆ 任务分析 ◆

本任务用到的虚拟仪器有双踪示波器和波特图仪。

◆ 相关知识 ◆

一、直流工作点分析

直流工作点分析（DC Operating Point Analysis）也称静态工作点分析，就是求解当电路（或网络）仅受电路中的直流电压源或电流源作用时，每个节点上的电压及流过电源的电流。在对电路进行直流工作点分析时，将电路中的交流信号源置零（将交流电压源视为短路，将交流电流源视为开路），将电容视为开路，将电感视为短路，将数字器件视为高阻接地。

■▄■ 特别提示

只有了解了电路的直流工作点，才能进一步分析在交流信号作用下电路能否正常工作，求解电路的直流工作点在电路分析过程中是至关重要的，直流工作点分析结果通常可以作为其他分析的参考。

下面以图 2-1 所示的单管放大电路为例，详细地介绍直流工作点分析的操作过程。

1. 构造电路

在 Multisim 13 工作区构造一个单管放大电路，如图 2-1 所示。

软件为电路各节点自动安排了节点编号，如果需要显示节点编号，可按照以下步骤操作：在电路图的空白处单击鼠标右键，在菜单中选择 Properties，在弹出的对话框中启用 Circuit 选项中的 Net Name 中的 Show All 复选框。

2. 启动直流工作点分析工具

执行 Simulate→Analyses 命令，在列出的分析类型中选择 DC Operating Point，则会出现 DC Operating Point Analysis 对话框，如图 2-2 所示，其中包括 Output（输出变量）、Analysis Options（各种性质选项）和 Summary（概要）3 个选项卡。

（1）Output 选项卡。Output 选项卡用于选定需要分析的节点。该选项卡左侧的 Variables in circuit（电路中的变量）下拉列表内列出了电路中各节点的电压变量和流过电源的电流变量；该选项卡右侧的 Selected variables for analysis（被选择用于分析的变量）列表用于存放需要分析的节点。

先在左侧的 Variables in circuit 下拉列表中选中需要分析的变量，可以通过鼠标进行全选，再单击 Add 按钮，被选择的变量会出现在 Selected variables for analysis 下拉列表中。如果 Selected variables for analysis 下拉列表中的某个变量不需要进行分析，则先选中它，然后单击 Remove 按钮，则该变量将会回到左侧的 Variables in circuit 下拉列表中。

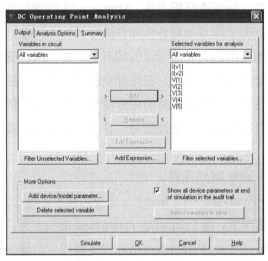

图 2-2 DC Operating Point Analysis 对话框

（2）Analysis Options 选项卡。单击 Analysis Options 标签进入 Analysis Options 选项卡，如图 2-3 所示。其中排列了与该分析有关的其他分析的选项设置，通常采用默认设置，如果有必要，可以改变其中的分析选项。

（3）Summary 选项卡。单击 Summary 标签进入 Summary 选项卡，如图 2-4 所示。Summary 选项卡中排列了与该分析有关的所有参数和选项。用户通过检查可以确认这些参数的设置。经过前面的设置后，单击 OK（应用）按钮，设置将被保存下来；如果单击 Cancel（取消）按钮，则设置被取消；如果单击 Simulate（仿真）按钮，则启动直流工作点分析。

图 2-3 Analysis Options 选项卡

图 2-4 Summary 选项卡

二、交流分析

交流分析（AC Analysis）是在正弦小信号工作条件下的一种频域分析，它计算电路的幅频特性和相频特性，是一种线性分析方法。Multisim 13 在进行交流分析时，首先分析电路的直流工作点，并在直流工作点处对各个元件进行线性化处理，得到线性化的交流小信号的等效电路，然后使电路中的交流信号源的频率在一定范围内变化，并用交流小信号等效电路计算电路输出的交流信号的变化。在进行交流分析时，电路工作区中自行设置的输入信号将被忽略。也就是说，无论将电路的信号源设置成三角波信号还是矩形波信号，在进行交流分析时，都将自动设置为正弦波信号，并分析电路随正弦波信号的频率变化的频率响应曲线。

首先创建如图 2-5 所示的 RLC 电路。

然后执行 Simulate→Analyses→AC Analysis 命令，弹出如图 2-6 所示的 AC Analysis 对话框。该对话框有 4 个选项卡，除 Frequency Parameters 选项卡外，其余选项卡与直流工作点分析的选项卡一样。Frequency Parameters 选项卡主要用于设置交流分析时的频率参数。

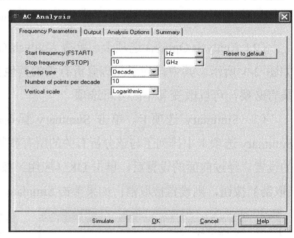

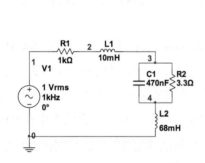

图 2-5　RLC 电路　　　　　　　　图 2-6　AC Analysis 对话框

（1）Start frequency（起始频率）：设置交流分析的起始频率。

（2）Stop frequency（终止频率）：设置交流分析的终止频率。

（3）Sweep type（扫描类型）：设置交流分析的扫描方式，主要有 Decibel（分贝）、Decade（十倍程扫描）、Octave（八倍程扫描）和 Linear（线性扫描）。通常采用 Decade（十倍程扫描），以对数方式展现。

（4）Number of points per decade：设置每十倍频率的取样数量，设置的数量越大，则分析所需的时间越长。

（5）Vertical scale：设置纵坐标的刻度，主要有 Decibel（分贝）、Octave（八倍）、Linear

（线性）和 Logarithmic（对数）这几种，通常采用 Logarithmic 和 Decibel。

对于如图 2-5 所示的 RLC 电路，设置其起始频率为 1Hz，终止频率为 10GHz，扫描类型设为 Decade，取样数量设为 10，纵坐标的刻度设为 Logarithmic。另外，在 Output 选项卡中选定节点 4 作为仿真分析变量；在 Analysis Options 选项卡中将 Title for analyses 选项输入 AC Analysis，最后单击 Simulate 按钮进行分析，AC 分析结果如图 2-7 所示。

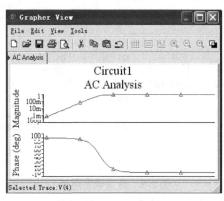

图 2-7 AC 分析结果

■■ **特别提示**

由图 2-7 可见，幅频特性的纵轴用该点的电压值来表示，这是因为不管输入的信号源的数值为多少，Multisim 13 软件一律将其视为一个幅度为单位 1 且相位为 0 的单位源，这样从输出节点取得的电压的幅度就代表增益值，相位就代表输出与输入之间的相位差。

三、瞬态分析

瞬态分析（Transient Analysis）是一种非线性时域（Time Domain）分析，可以在激励信号（或没有任何激励信号）的作用下计算电路的时域响应。进行瞬态分析时，电路的初始状态可由用户自行设置，也可以将 Multisim 13 软件对电路进行直流分析的结果作为电路的初始状态。瞬态分析的结果通常是分析节点的电压波形，故用示波器可观察到相同的结果。

下面以脉宽调制电路为例说明瞬态分析的具体操作步骤。

首先在 Multisim 13 用户界面的电路窗口中创建如图 2-8 所示的脉宽调制电路。

然后，执行 Simulate→Analyses→Transient Analysis 命令，弹出如图 2-9 所示的 Transient Analysis 对话框。该对话框有 4 个选项卡，除 Analysis Parameters 选项卡外，其余选项卡与直流工作点分析的选项卡一样，Analysis Parameters 选项卡主要用于设置进行瞬态分析时的时间参数。

（1）Initial Conditions（初始条件）：其功能是设置初始条件，包括 Automatically determine initial conditions（由程序自动设置初始值）、Set to zero（将初始值设为 0）、User defined（由用户定义初始值）及 Calculate DC operating point（通过分析直流工作点得到初始值）。

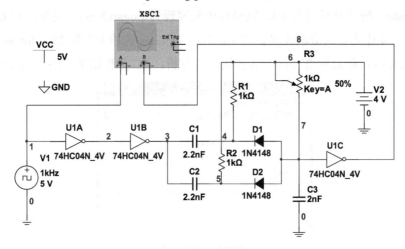

图 2-8　脉宽调制电路

图 2-9　Transient Analyses 对话框

（2）Parameters（参数）：用于设置时间间隔和步长等参数。包括 Start time（开始分析的时间）、End time（结束分析的时间）和 Maximum time step settings（最大时间步长）。

若启用 Maximum time step settings 复选框，其下又有 3 个可供选择的单选按钮。

① Minimum number of time points（最小时间点数）：启用该单选按钮后，则可在右边的文本框中设置从开始分析的时间到结束分析的时间内的最少取样点数。

② Maximum time step（最大步进时间）：启用该单选按钮后，则可在右边的文本框中设置仿真软件所能处理的最大时间间距。所设置的数值越大，则相应的步长所对应的时间越长。

③ Generate time steps automatically（自动产生步进时间）：由仿真软件自动设置仿真分析的步长。

在本例中选择 Automatically determine initial conditions 选项，即由程序自动设定初始值，然后将开始的分析时间设定为 0.0009s，将结束分析的时间设为 0.003s。启用 Maximum time step settings 复选框及 Generate time steps automatically 单选按钮。另外，在 Output 选项卡中选择节点 1 和节点 8 作为仿真分析变量。在 Analysis Options 选项卡中的 Title for analysis 文本框内输入 Transient Analysis，最后单击 Simulate 按钮进行分析，瞬态分析结果如图 2-10 所示。

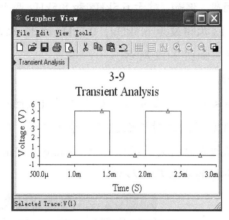

图 2-10　瞬态分析结果

◆ **任务实施** ◆

直流工作点的分析结果如图 2-11 所示，其中给出了电路中各个节点的电压值，以及通过电源的电流。根据这些电压值的大小可以确定该电路的静态工作点是否合理。如果不合理，可以改变电路中的某个参数。例如，修改电路中某个电阻的阻值，再次进行直流工作点分析，直至静态工作点合理。通过这种方法可以观察电路中的某个元件参数的改变对电路中的直流工作点的影响。

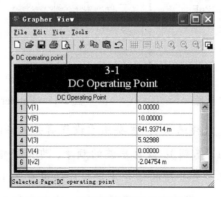

图 2-11　直流工作点的分析结果

■■■ **拓展阅读**

其他仿真分析法介绍

一、傅立叶分析

傅立叶分析（Fourier Analysis）是一种分析周期性信号的方法，它求解一个时域信号的直流分量、基波分量和各谐波分量的幅度。在进行傅立叶分析前，首先要确定分析节点，其次把电路的交流信号源设置为基频。如果电路中存在几个交流信号源，那么可将基频设置为这些频率值的最小公因数。例如，对于 6.5kHz 和 8.5kHz 两个交流信号源，则取 0.5kHz 作为基频，因为 0.5kHz 的 13 次谐波是 6.5kHz，0.5kHz 的 17 次谐波是 8.5kHz。

构造方波激励 RC 电路，如图 2-12 所示。

1. 启动傅立叶分析工具

执行 Simulate→Analysis 命令，在分析类型中选择 Fourier Analysis，则弹出 Fourier Analysis 对话框，如图 2-13 所示。该对话框包括 4 个选项卡，除 Analysis Parameters 选项卡外，其余选项卡与直流工作点分析的选项卡一样，Analysis Parameters 选项卡主要用于设置进行傅立叶分析时有关采样的基本参数和显示方式。

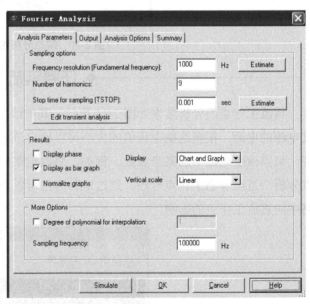

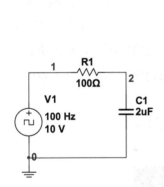

图 2-12　方波激励 RC 电路　　　　图 2-13　Fourier Analysis 对话框

（1）Sampling options（采样选项）：主要用于设置有关采样的基本参数。

① Frequency resolution（基频）：设置基波的频率，即交流信号激励源的频率或最小公因数频率。频率值根据电路所要处理的信号决定，默认设置为 1kHz。

② Number Of harmonics（谐波数）：设置包括基波在内的谐波总数，默认值为 9。

③ Stop time for Sampling（停止采样时间）：设置停止采样的时间。该值一般比较小，通常为毫秒级。如果不知如何设置，可单击 Estimate 按钮，系统将自行设置。

④ Edit transient analysis（设置瞬态分析）：该按钮的功能是设置瞬态分析的选项，单击它会弹出瞬态分析对话框。

（2）Results（结果）：主要用于设置仿真结果的显示方式。

① Display phase（相位显示）：显示傅立叶分析的相频特性，默认设置不选用。

② Display as bar graph（以线条图形方式显示）：以线条图形形式来描绘频谱图。

③ Normalize graphs（归一化图形）：显示归一化频谱图。

④ Vertical scale：Y 轴刻度类型选择，包括 Linear（线性）、Log（对数）和 Decibel（分贝）3 种类型，默认设置为 Linear，也可根据需要进行设置。

⑤ Display（显示）：设置所要显示的项目。它包括 Chart（图表）、Graph（曲线）、Chart and Graph（图表和曲线）。

（3）More Options（添加选项）：在该选项区域中，Degree of polynomial for interpolation 用于设置多项式的维数。启用该复选框后，可在右边的文本框中输入维数，多项式的维数越高，仿真运算的精度越高。Sampling frequency 用于设置取样频率，默认为 100 000Hz。如果不知道如何设置，可单击 Sampling options 选项区域的 Estimate 按钮，由仿真软件自行设置。

2．检查分析结果

在本例电路中，将基频设置为 1000Hz，谐波的次数取 9，单击 Estimate 按钮，同时在 Output 选项卡中选择节点 2 作为仿真分析变量。设置完成后单击 Fourier Analysis 对话框中的 Simulate 按钮，就会显示该电路的频谱图，如图 2-14 所示。若在 Display 下拉列表中选择 Chart 选项，则傅立叶分析结果将以表格的形式显示出来。

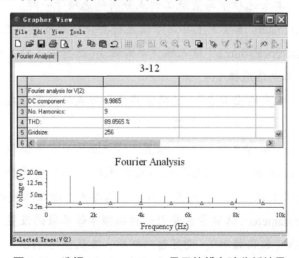

图 2-14　选择 Chart and Graph 显示的傅立叶分析结果

二、噪声分析

噪声分析（Noise Analysis）用于检测电路输出信号的噪声功率，分析和计算电路中各种无源器件或有源器件所产生的噪声。Multisim 13 可提供热噪声、散弹噪声和闪烁噪声。噪声分析利用交流小信号等效电路计算由电阻和半导体器件产生的噪声总和。进行分析时，假设每个噪声源之间在统计意义上互不相关，而且它们的数值是单独计算的。这样，指定的输出节点的总噪声就是各个噪声源在该节点产生的噪声均方根的和。

构造噪声分析电路，如图 2-15 所示。

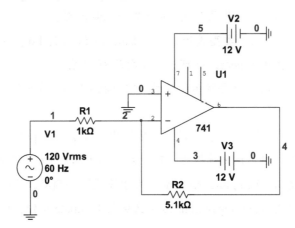

图 2-15　噪声分析电路

1. 启动噪声分析工具

执行 Simulate→Analusis 命令，在分析类型中选择 Noise Analysis，则弹出 Noise Analysis 对话框，如图 2-16 所示。该对话框包括 5 个选项卡，除 Analysis Parameters 选项卡和 Frequency Parameters 选项卡外，其余选项卡与直流工作点分析的选项卡一样。

（1）Analysis Parameters 选项卡主要用于设置将要分析的节点参数。

① Input noise reference source（输入噪声参考源）：选择输入噪声参考源。只能选择一个交流信号源输入，本电路选择 vv1。

② Output node（噪声输出节点）：选择噪声输出节点的位置，在该节点计算电路中的所有元件产生的噪声均方根之和，本电路选择节点 4。

③ Reference node（参考电压节点）：设置参考电压节点，默认设置为公共接地点。

④ Set points per summary（设置每次求和的取样点）：当该复选框被启用后，将产生噪声量曲线。在右边的文本框中输入步进频率数，数值越大，输出曲线的解析度越低。

（2）Frequency Parameters 选项卡主要用于扫描频率等参数的设置，如图 2-17 所示。

① Start frequency（起始频率）：设置起始频率，默认值为 1Hz。

② Stop frequency（终止频率）：设置终止频率，默认值为 10GHz。

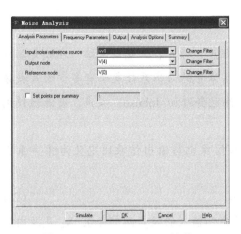

图 2-16　Noise Analysis 对话框

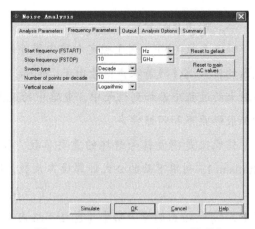

图 2-17　Frequency Parameters 选项卡

③ Sweep type（扫描类型）：主要有 Decade（十倍程）、Octave（八倍程）和线性（Linear）3 种类型，默认值为 Decade。

④ Number of points per decade（十倍频点数）：设置每十倍频的取样点数，默认设置值为 10，该数值较大，分析的点数越多，分析所需的时间也越长。

⑤ Vertical scale（垂直刻度）：选择 Y 轴显示刻度，主要有 Octave（八倍程）、Logarithmic（对数）、Linear（线性）和 Decibel（分贝）4 种类型。默认值为 Logarithmic，可根据输出波形进行选择。

⑥ Reset to main AC values：该按钮用来将本选项卡的所有设置恢复成与交流分析相同的值。

⑦ Reset to default：该按钮用来将本选项卡的所有设置恢复为默认值。

通常仅设置起始频率和终止频率，而其他选项取默认值。

2. 噪声分析结果

选取十倍程扫描方式，观察 inoise-spectrum（内部噪声频谱）和 onoise-spectrum（外部噪声频谱）的输出波形，如图 2-18 所示。

将 Variables in circuit 列表中的 onoise-rr1 和 onoise-rr2 两个变量添加到 Selected variables for 列表中，噪声分析结果如图 2-19 所示。

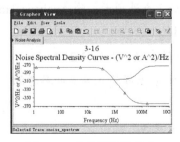

图 2-18　十倍程扫描方式

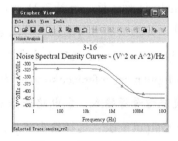

图 2-19　噪声分析结果

三、噪声系数分析

噪声系数（NF）用于确定电路中器件的噪声程度，噪声在二端口网络，在放大器或衰减器的输入端伴随着噪声信号出现。例如，一个晶体管的噪声系数表示有多少噪声成分会在放大的过程中添加到信号中。电路中的无源器件也会增加 Johnson 噪声，有源器件则会增加散弹噪声和闪烁噪声。

信噪比是衡量信号好坏的重要参数，将输入信噪比与输出信噪比定义为噪声系数。Multisim 13 利用下面的公式计算噪声系数，即

$$F = N_0 / GN_S \qquad (2\text{-}1)$$

其中，N_0 是输出的噪声功率（包括网络内部的噪声和输入的噪声两部分），N_S 是源内阻产生的噪声（该噪声等于前一级的输出噪声），G 是电路的交流增益。

射频放大电路如图 2-20 所示。

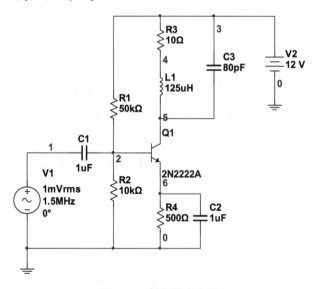

图 2-20　射频放大电路

1. 启动噪声分析工具

执行 Simulate→Analysis 命令，在分析类型中选择 Noise Figure Analysis，弹出 Noise Figure Analysis 对话框，如图 2-21 所示。该对话框包括 3 个选项卡，除 Analysis Parameters 选项卡外，其余选项卡与直流工作点分析的选项卡一样。

Analysis Parameters 选项卡主要用于设置将要分析的参数，如图 2-21 所示。

（1）Input noise reference source（输入噪声的参考源）：选择输入噪声的参考源，只能选择一个交流信号源输入，本电路选择 vv1。

（2）Output node：选择输出节点，本电路中选择节点 5。

（3）Reference node：选择参考节点，通常接地。

（4）Frequency：设置输入信号的频率。

（5）Temperature：设置输入温度，单位是℃，默认值是27℃。

2. 噪声分析结果

其余设置与噪声分析相同，且保持默认值。设置完成后单击 Noise Figure Analysis 对话框底部的 Simulate 按钮，显示噪声系数分析结果，如图 2-22 所示。

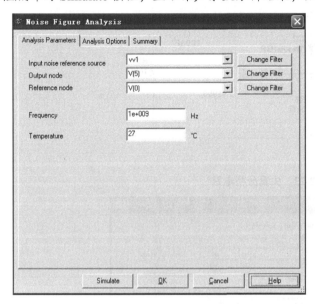

图 2-21　Noise Figure Analysis 对话框

图 2-22　噪声系数分析结果

四、失真分析

失真分析（Distortion Analysis）用于检测电路中的谐波失真（Harmonic Distortion）和互调失真（Inter-modulation Distortion），如果电路中有一个交流激励源，失真分析将检测电路中每个节点的二次谐波和三次谐波所造成的失真。如果电路中有两个不同频率的交流源（设 $F1>F2$），则失真分析将检测输出节点在（$F1+F2$）、（$F1-F2$）和（$2F1-F2$）这 3 个不同频率上的失真。

失真分析主要用于小信号模拟电路，对瞬态分析中无法观察到的电路中的较小的失真分析十分有效。首先在 Multisim 13 用户界面的电路窗口中创建失真分析电路，如图 2-23 所示，然后执行 Simulate→Analysis 命令，在分析类型中选择 Distortion Analysis，弹出 Distortion Analysis 对话框，如图 2-24 所示，该对话框包括 3 个选项卡，除 Analysis Parameters 选项卡外，其余选项卡与直流工作点分析的选项卡一样。Analysis Parameters 选项卡中各选项的主要功能如下。

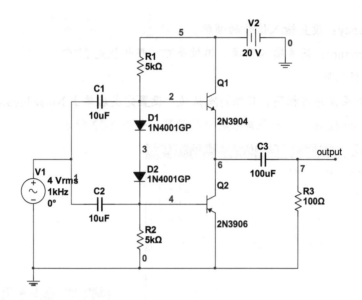

图 2-23　失真分析电路

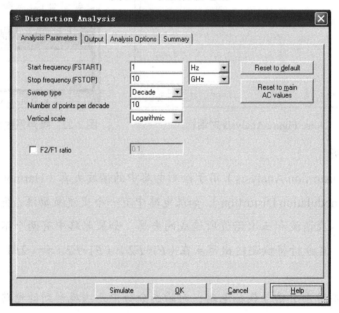

图 2-24　Distortion Analysis 对话框

（1）Start frequency（起始频率）：设置初始频率。

（2）Stop frequency（终止频率）：设置终止频率。

（3）Sweep type（扫描类型）：选择交流分析的扫描方式，主要有 Decade（十倍程）、Octave（八倍程）和线性（Linear）3 种类型，默认值为 Decade。

（4）Number of points per decade（十倍频点数）：设置每十倍频的取样点数，默认值为 10。

（5）Vertical scale（垂直刻度）：选择 Y 轴显示刻度，主要有 Octave（八倍）、Logarithmic（对数）、Linear（线性）和 Decibel（分贝）4 种类型。通常选择 Decibel 或 Logarithmic 选项。

（6）Reset to default：该按钮用来将本选项卡的所有设置恢复为默认值。

（7）Reset to main AC values：该按钮用来将本选项卡的所有设置恢复为与交流分析相同的值。

（8）F2/F1 ratio：对电路进行互调失真分析时，设置 $F2$ 与 $F1$ 的比值，其比值在 0～1 之间。

禁用该复选框时，分析结果为 $F1$ 作用时产生的二次谐波和三次谐波失真；启用该复选框时，分析结果为（$F1+F2$）、（$F1-F2$）和（$2F1-F2$）相对于 $F1$ 的互调失真。

对于如图 2-23 所示的失真分析电路，Analysis Parameters 选项卡中的各选项全部取默认值，在 Output 选项卡中选取节点 7 作为输出节点，失真分析结果如图 2-25 所示。

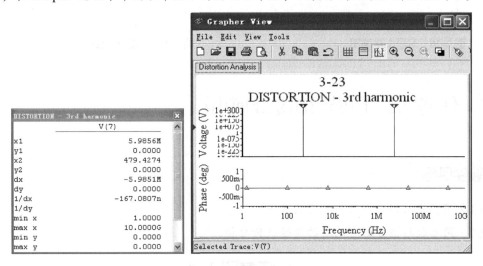

图 2-25　失真分析结果

思考与练习

1. 习题 1 电路图如图 2-26 所示，试对该电路进行直流工作点分析、交流分析、瞬态分析、傅立叶分析、噪声分析和失真分析。

2. 直流工作点分析包括哪些分析功能？

3. 简述直流工作点分析的作用及建立分析的过程。

4. 试对如图 2-27 所示的习题 4 电路图进行瞬态分析，并用示波器观察输出波形，输入信号为正弦波，频率为 1KHz，幅度为 5V。

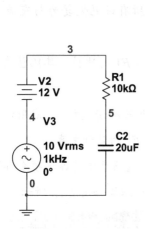

图 2-26 习题 1 电路图

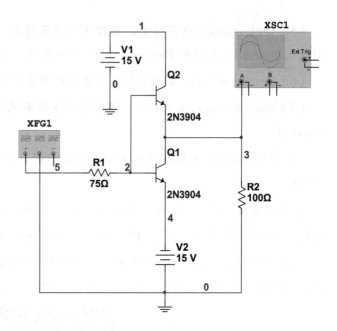

图 2-27 习题 4 电路图

任务 2.2 扫描分析法的应用

 教学目标

（1）用直流扫描分析来分析直流电源。

（2）用参数扫描分析对电路的特性进行分析。

◆ 任务引入 ◆

利用 Multisim 13 设计如图 2-28 所示的 MOS 管测试电路，并对其进行仿真分析。

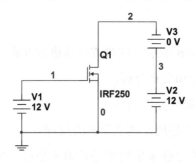

图 2-28 MOS 管测试电路

本任务用到的虚拟仪器有双踪示波器和波特图仪。

一、直流扫描分析

■■■ 特别提示

直流扫描分析（DC Sweep Analysis）用来分析电路中某个节点的直流工作点随电路中一个或两个直流电源变化的情况。利用直流扫描分析的直流电源的变化范围可以快速确定电路的直流工作点。在进行直流扫描分析时，将电路中的所有电容视为开路，将所有电感视为短路。

在分析前，需要确定扫描的电源是 1 个还是 2 个，并确定分析的节点。如果扫描两个电源，则输出曲线的数目等于第 2 个电源被扫描的点数。第 2 个电源的每个扫描值都对应 1 条曲线，即输出第 2 个电源的节点值与第 1 个电源的关系曲线。

首先，构造如图 2-28 所示的 MOS 管测试电路，现在要利用直流扫描分析来测绘 MOS 管的输出特性曲线。由于 Multisim 13 中只分析流过电源的电流变量，规定流入电源为正。为了在分析中使 MOS 管的漏极电流方向与实际电流方向相同，在电路中增加一个数值为 0 的直流电压源 V3，将流过 V3 的电流设为分析对象。

然后，执行 Simulate→Analysis 命令，在分析类型中选择 DC Sweep，则弹出 DC Sweep Analysis 对话框，如图 2-29 所示，该对话框包括 4 个选项卡，除 Analysis Parameters 选项卡外，其余选项卡与直流工作点分析的选项卡一样。Analysis Parameters 选项卡中包含 Source1 和 Source2 两个选项区域，其中各选项的主要功能如下。

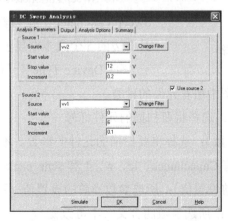

图 2-29　DC Sweep Analysis 对话框

（1）Source（电源）：选择要扫描的直流电源。

（2）Start value（起始值）：设置扫描的起始值。

（3）Stop value（终止值）：设置扫描的终止值。

（4）Increment（增量）：设置扫描的增量，数值越小，分析时间越长。

（5）Change Filter：选择 Source 列表中要过滤的内容。

（6）Use source 2（使用电源）：如需要扫描两个电源，则启用该复选框。

二、参数扫描分析

■■■ 特别提示

　　参数扫描分析（Parameters Sweep Analysis）就是在用户指定每个参数的变化值的情况下，对电路的特性进行分析，相当于对电路进行多次不同参数下的仿真分析，可以加速检验电路的性能。利用这种分析，用户可以设置参数变化的起始值、终止值、增量和扫描方式等，从而控制参数的变化。参数扫描分析有 3 种方式：DC 工作点分析、瞬态分析和 AC 频率分析。

　　首先构造如图 2-30 所示的方波发生电路。

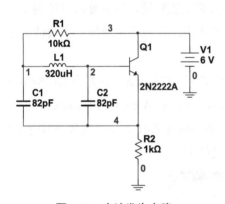

图 2-30　方波发生电路

　　然后执行 Simulate→Analysis 命令，在分析类型中选择 Parameter Sweep，则出现 Parameter Sweep（参数扫描）对话框，如图 2-31 所示。该对话框包括 4 个选项卡，除 Analysis Parameters 选项卡外，其余选项卡与直流工作点分析的选项卡一样。Analysis Parameters 选项卡中各选项的主要功能如下。

　　（1）Sweep Parameters（选择扫描元件及参数）：在 Sweep Parameter 下拉列表中选择 Device Parameter，其右边的 5 个文本框显示与器件参数有关的信息。

　　① Device Type（元件类型）：选择将要扫描的元件种类，包括当前电路图中所有元件的种类。

　　② Name（元件序号）：选择将要扫描的元件标号。

　　③ Parameter（元件参数）：选择将要扫描的元件的参数。不同元件有不同的参数，如 Capacitor，其可选的参数有 Capacitance、ic、w、1 和 sens_cap。

　　④ Present Value（当前设置值）：所选参数当前的设置值（不可改变）。

　　⑤ Description（含义）：所选参数的含义（不可改变）。

（2）Points to sweep（选择扫描方式）：Points to sweep 主要用于选择扫描方式，在 Sweep Variation Type 下拉列表中，可以选择 Decade（十倍程）、Octave（八倍程）、Linear（线性）3 种扫描方式，默认设置为 Decade。若选择 Decade、Octave 或 Linear，则右边还有 4 个需要进行进一步设置的文本框。

① Start（起始值）：设置将要扫描分析的元件的起始值。其值可以大于或小于电路中所标注的参数值，默认设置为电路元件的标注参数值。

② Stop（终止值）：设置将要扫描分析的元件的终止值，默认设置为电路元件的标注参数值。

③ # of Points：设置扫描点数。

④ Increment：设置扫描的增量值。

（3）More Options（选择分析类型）：在 Analysis to sweep 下拉列表中选择分析类型，Multisim 13 提供了 DC Operating Point、AC Analysis 和 Transient Analysis 这 3 种分析类型，默认设置为 Transient Analysis。在选定分析类型后，可单击 Edit Analysis 按钮对选定的分析类型进行进一步的设置。

Group all traces on one plot 复选框用于选择是否将所有的分析曲线放在同一个图中显示。设置完毕后，单击 Simulate 按钮，开始扫描分析，按 Esc 键停止分析。

在本例中，Analysis Parameters 选项卡的设置如图 2-31 所示，选择节点 4 作为输出节点。参数扫描分析结果如图 2-32 所示。

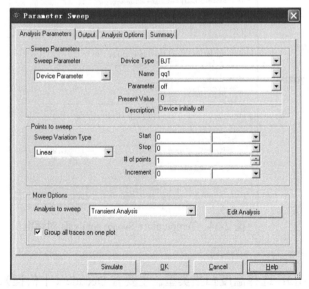

图 2-31　Parameter Sweep 对话框

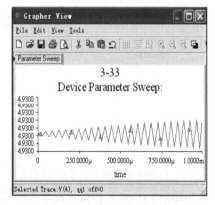

图 2-32　参数扫描分析结果

三、温度扫描分析

■▪■ 特别提示

电阻阻值及晶体管的许多模型参数值都与温度有密切关系，而温度的变化又将通过这些元件参数的改变导致电路性能发生变化。温度扫描分析（Temperature Sweep Analysis）就是用来研究温度变化对电路性能的影响的，该分析相当于在不同的工作温度下多次仿真电路性能。温度扫描分析不是对所有元件都有效，它只对与温度有关的元件有效。

首先，构造温度扫描分析电路，如图 2-33 所示。

然后，执行 Simulate→Analysis 命令，在分析类型中选择 Temperature Sweep Analysis 命令，则弹出 Temperature Sweep Analysis（温度扫描分析）对话框，如图 2-34 所示。该对话框含有 4 个选项卡，除 Analysis Parameters 选项卡外，其余选项卡与直流工作点分析的选项卡相同，Analysis Parameters 选项卡中各选项的主要功能如下。

（1）Sweep Parameters（选择扫描元件及参数）。

① Sweep Parameter：只有一个选项，即 Temperature。

② Present Value：显示当前的元件温度（不可变）。

③ Description：说明当前正在对电路进行温度扫描分析。

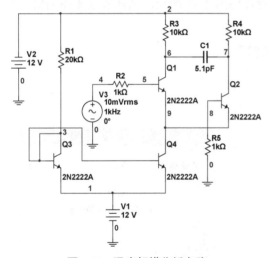

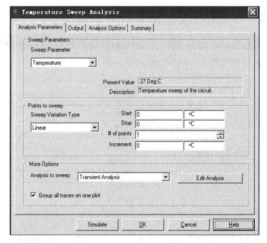

图 2-33　温度扫描分析电路　　　　图 2-34　Temperature Sweep Analysis 对话框

（2）Points to Sweep（选择扫描方式）。

Sweep Variation Type（温度扫描类型）：选择温度扫描类型。主要有 Decade（十倍程）、Octave（八倍程）、Linear（线性）和 List（列表）4 种扫描方式，默认设置为 Linear。右边还有 4 个需要进行进一步设置的文本框。

① Start（起始值）：设置起始分析温度，默认值为 0℃。

② Stop（终止值）：设置终止分析温度，默认值为 0℃。

③ # of points：设置扫描点数。

④ Increment：设置温度扫描方式为线性时的增量值。

（3）More Options（选择分析类型）。

在 Analysis to sweep 下拉列表中选择仿真分析类型，Multisim 13 提供了 DC Operating Point、AC Analysis、Transient Analysis 和 Nested Sweep 4 种分析类型，默认设置为 Transient Analysis。在选定分析类型后，可单击 Edit Analysis 按钮对选定的分析进行进一步的设置。Group all traces on one plot 复选框用于选择是否将所有的分析曲线放在同一个图中显示。

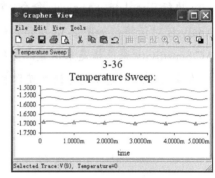

单击 Edit Analysis 按钮，在弹出的 Sweep of Transient Analysis 对话框中设置 End time 为 0.005，在 Output variable 标签页中选择节点 9 作为输出节点。设置完毕后，单击 Simulate 按钮，开始扫描分析，温度扫描分析结果如图 2-35 所示。

图 2-35　温度扫描分析结果

◆ 任务实施 ◆

本电路中将漏极电源 vv2 设置为电源 1，其变化范围为 0～12V，增量为 0.2V；将栅极电源 vv1 设置为电源 2，其变化范围为 0～6V，增量为 0.1V，在 Output 选项卡中，将 I（v3）设置为分析变量。

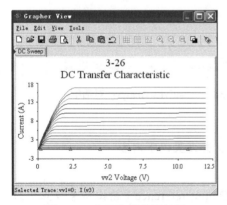

图 2-36　直流扫描分析结果

单击对话框中的 Simulate 按钮，启动直流扫描分析工具，屏幕中显示出 Graphs View 窗口，直流扫描分析结果如图 2-36 所示。其中，横坐标为 MOS 管的漏极电压，纵坐标为 Current，实际上就是 MOS 管的漏极电流。每条曲线都是 MOS 管漏极电压与漏极电流的关系曲线，每条曲线都对应着一个固定的栅极电压。

■■■ 拓展阅读

灵敏度分析

灵敏度分析可以识别出电路中的元件对输出信号有多大的影响，利用分析结果可以为电路中关键部位的元件指定误差值，并使用最佳的元件进行替换。同样，也可以识别出最少的关键部件，在不影响设计性能的前提下保证精度、降低成本。

灵敏度分析包括交流灵敏度分析和直流灵敏度分析，这两种分析通过独立改变每个参数来计算改变参数后对电压输出或电流输出的影响。直流灵敏度分析结果在图示仪中显示为图表格式，交流灵敏度分析结果则以用户定义的频率范围为依据输出每个参数的交流图表。

接下来以图 2-37 所示的灵敏度分析电路图为例分析直流灵敏度和交流灵敏度，以确定电路中的电阻 R1 在节点 2 上的交流灵敏度。

执行 Simulate→Analysis 命令，在分析类型中选择 Sensitivity Analysis，则弹出 Sensitivity Analysis 对话框，如图 2-38 所示。通过选择 Analysis Type 选项区域下的 DC Sensitivity 或 AC Sensitivity 来选择是采用直流灵敏度分析还是采用交流灵敏度分析，读取交流灵敏度分析的结果时，可通过光标读数获取相应的曲线坐标值。

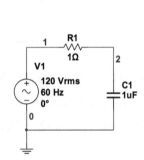

图 2-37　灵敏度分析电路图

图 2-38　Sensitivity Analysis 对话框

设置灵敏度分析可以按以下步骤进行。

（1）单击 Analysis Parameters（分析参数）选项卡，并设置以下内容。

设置 Output nodes/currents 为 Voltage。

设置 Output node（输出节点）为 V(2)，并设置 Output reference（输出参考节点）为 V(0)。

设置 Output scaling（输出方式）为 Absolute（完全）。

设置 Analysis Type（分析类型）为 AC Sensitivity（交流灵敏度）。

（2）单击 Edit Analysis（编辑分析）按钮显示 Sensitivity AC Analysis（灵敏度交流分析）对话框，并按图 2-39 进行设置，设置完成后单击 OK 按钮返回 Sensitivity Analysis 对话框。

（3）单击 Output 选项卡，在 Variables in circuit（电路中的变量）中选择 rr1。用户可以根据需要单击 Filter Unselected Variables 按钮筛选没选择的变量。选择所有对象后单击 OK 按钮查看所选区域中的电阻。单击 ADD 按钮。此时 rr1 变量将移动到 Selected Variables for Analysis（为分析选择变量）列表中。

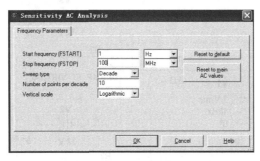

图 2-39　Sensitivity Ac Analysis 对话框

（4）单击 Simulate 按钮进行仿真，交流灵敏度分析结果如图 2-40 所示。

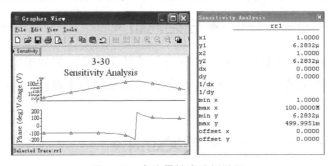

图 2-40　交流灵敏度分析结果

思考与练习

1．什么是参数扫描分析？可扫描哪些变量？扫描规律是什么？

2．简述直流扫描分析的作用及建立直流扫描分析的过程。

 # 任务 2.3　传递函数分析

教学目标

（1）熟悉 Multisim 13 软件的使用方法。

（2）掌握传递函数分析方法。

◆ 任务引入 ◆

利用 Multisim 13 设计如图 2-41 所示的反相放大电路，并对其进行仿真分析。

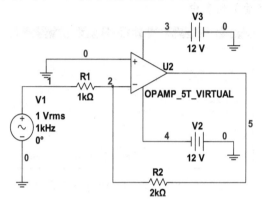

图 2-41　反相放大电路

◆ 任务分析 ◆

对电路进行传递函数分析时，程序首先计算直流工作点，然后求出电路中非线性器件的直流小信号的线性化模型，最后求出电路的传递函数的各个参数。电路中的输入源必须是独立源。

◆ 相关知识 ◆

■▪■ 特别提示

传递函数分析（Transfer Function Analysis）就是求解电路中一个输入源与两个节点的输出电压之间，或一个输入源和一个输出电流变量之间，在直流小信号状态下的传递函数。传递函数分析也具有计算电路输入阻抗和输出阻抗的功能。

首先，构造反相放大电路用于传递函数分析，如图 2-41 所示。

然后，执行 Simulate→Analysis 命令，在分析类型中选择 Transfer Function，弹出如图 2-42 所示的 Transfer Function Analysis 对话框。

该对话框有 3 个选项卡，除 Analysis Parameters 选项卡外，其余选项卡与直流工作点分析的选项卡相同，Analysis Parameters 选项卡中各选项的主要功能如下。

（1）Input source（输入电源）：选择电压源或电流源。

（2）Voltage（电压）：选择节点电压为输出变量，默认为启用。接着在 Output node 下拉列表中选择输出电压变量对应的节点，默认设置为 V(1)，这里设置为 V(5)。在 Output reference 下拉列表中选择输出参考节点，默认设置为 V(0)（接地）。

（3）Current（电流）：选择电流作为输出变量。若选择该单选按钮，接着应在其下的 Output source 下拉列表中选择作为输出电流的支路。

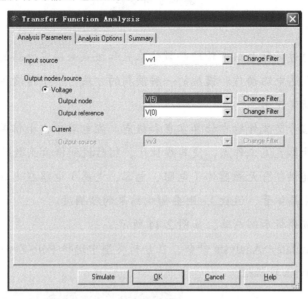

图 2-42　Transfer Function Analysis 对话框

◆ **任务实施** ◆

设置完毕后单击 Simulate 按钮开始仿真分析，按 ESC 键停止仿真分析，分析结果以表格的形式分别显示输出阻抗（Output Impedance）、传递函数（Transfer Function）和从输入源两端向电路看进去的输入阻抗（Input Impedance）等参数值。

在本电路中，选择 vv1 作为输入电源，选择 Voltage 作为输出变量，选择 V(5)作为输出节点，选择 V(0)作为输出参考节点，传递函数分析结果如图 2-43 所示。

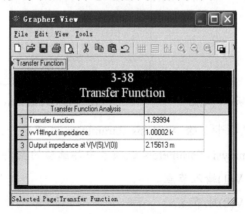

图 2-43　传递函数分析结果

■▫■ 拓展阅读

其他分析方法

一、零极分析

零极分析用于通过计算电路中传输函数的零点和极点来确定电路的稳定性。传输函数公式是在频率域内表达电路动作和模拟的一种便利的方法，一个传输函数就是输出信号对输入信号的拉普拉斯变化率。

零极分析在小信号交流传输中计算零点和极点。在电路中，小信号用于模拟所有非线性器件。程序首先计算直流工作点，使其线性化，然后找到传输函数的零点和极点。

零极分析可以提供包含无源器件（电阻、电容、电感）电路在内的精确结果。如果电路中包含活动器件（晶体管、运放），则会影响结果的精确度。

首先，绘制零极分析示例电路，如图 2-44 所示。

然后，执行 Simulate→Analysis 命令，在分析类型中选择 Pole-Zero，弹出如图 2-45 所示的 Pole-Zero Analysis 对话框。

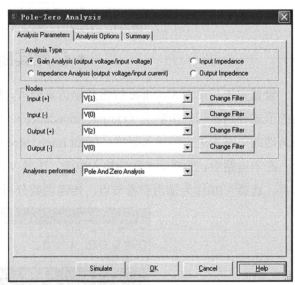

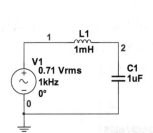

图 2-44　零极分析示例电路　　　　图 2-45　Pole-Zero Analysis 对话框

该对话框含有 3 个选项卡，除 Analysis Parameters 选项卡外，其余选项卡与直流工作点分析的选项卡相同，Analysis Parameters 选项卡中各选项的主要功能及设置参数如下。

（1）设置 Input(+)为 V(1)输入节点。

（2）设置 Input(−)为 V(0)地节点。

（3）设置 Output(+)为 V(2)输出节点。

（4）设置 Output(−)为 V(0)地节点。

（5）设置 Analysis performed（分析执行）选项为 Pole And Zero Analysis。

单击 Simulate 按钮，零极分析结果如图 2-46 所示。从图 2-46 中可以看到，有两个极点存在，一个极点在 S 平面的正区域，另一个极点在 S 平面的负区域，所以该电路的稳定性很差。

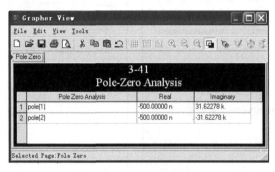

图 2-46　零极分析结果

二、最差情况分析

最差情况分析是获取在元件参数最坏的情况下执行电路所带来的影响的方法。Multisim 执行最差情况分析是与直流分析和交流分析一同进行的。Multisim 首先执行的是名义上的值，接着进行灵敏度分析（交流灵敏度或直流灵敏度），根据输出电压或电流指定元件的灵敏度，最后根据元件参数值生成最差情况值。

首先绘制文氏振荡器电路，如图 2-47 所示。

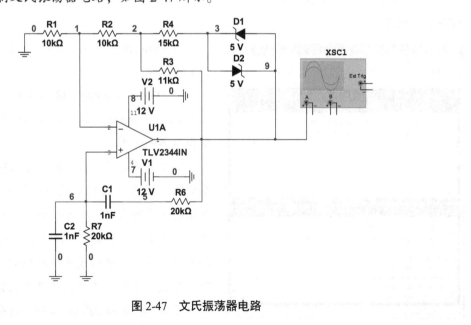

图 2-47　文氏振荡器电路

然后，执行 Simulate→Analysis 命令，在分析类型中选择 Worst Case，弹出如图 2-48

所示的 Worst Case Analysis 对话框，在 Mode tolerance list 选项卡中单击 Add tolerance（添加容许误差）按钮，输入相应的参数。

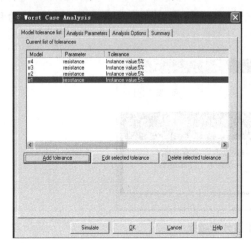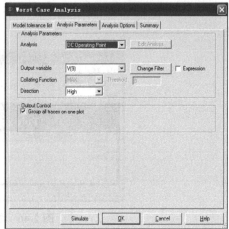

图 2-48　Worst Case Analysis 对话框

在图 2-48 中的 Analysis Parameters 选项卡中进行设置。

Analysis Parameters 选项卡中各选项的主要功能及设置参数如下。

（1）Analysis（设置分析类型）：包括 DC Operating Point 和 AC Operating Point。

（2）Output variable（输出节点）：本例选择 V(9)。

（3）Collating Function（选择函数）：包括 MAX、MIN、RISE_EDGE、FALL_EDGE、FREQUENCY。

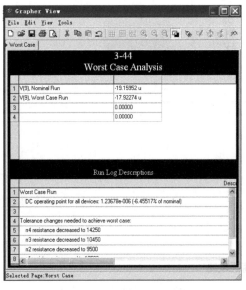

图 2-49　最差情况分析结果

（4）Direction（选择方向）：包括 High（高）和 Low（低）。

（5）Output Control（输出控制）：启用 Group all traces on one plot 复选框后，将所有的轨迹线集合为单一块图。

对于直流电流来说，最差情况分析会生成一个电路从正常名义值到最坏情况值可能的输出电压的范围的表格，以及一个关于元件和其最差情况的表格。对于交流电路来说，最差情况分析会生成正常名义值和最差情况值的独立块图，以及一个关于元件和其最差情况的表格。

最后，单击 Simulate 按钮进行分析，图 2-49 所示为最差情况分析结果。

项目三　Multisim 13 在电路分析中的应用

▶▶ 引言

电路理论是研究电路的基本规律和计算方法的工程学科。它包括电路分析、电路综合与设计两大类问题：电路分析的任务是根据已知的电路结构和元件参数求解电路的特性；电路综合与设计是根据所提出的电路性能要求，设计合适的电路结构和元件参数，实现所需要的电路性能。这里主要介绍利用 Multisim 13 仿真软件对电路分析的基本规律和计算方法进行仿真分析。

任务 3.1　手电筒电路的仿真分析

教学目标

（1）熟悉 Multisim 13 软件的使用方法。
（2）掌握虚拟仪器的使用方法。
（3）掌握基尔霍夫定律、叠加定理、戴维南定理、最大功率传输条件的仿真方法。

◆ 任务引入 ◆

图 3-1 所示为手电筒电路，试在 Multisim 13 环境中分析该电路，并通过该电路分析基尔霍夫定律、叠加定理、戴维南定理、最大功率传输条件的应用。

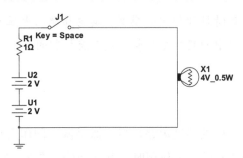

图 3-1　手电筒电路

◆ 任务分析 ◆

上述电路是简单的手电筒电路，由两节 2V 的干电池供电，电源及电路的内阻为 1Ω，开关 J1 控制灯泡 X1 的通断。

　　该电路的结构很简单，但要对电路进行基尔霍夫定律、叠加定理、戴维南定理、最大功率传输条件等分析，必须要了解各定理在 Multisim 13 环境中的分析方法。

──────────◆ 相关知识 ◆──────────

一、基尔霍夫定律

　　电路的基本规律包括两类：一类是由元件本身的性质造成的约束关系，即元件约束，不同的元件要满足各自的伏安关系；另一类是由电路拓扑结构造成的约束关系，即结构约束。结构约束取决于电路元件间的连接方式，即电路元件之间的互连必然使各支路电流或电压有联系或约束，基尔霍夫定律可体现这种约束关系。

1．基尔霍夫电流定律

　　基尔霍夫电流定律（KCL 定律）：在任意时刻，对于集总参数电路的任意节点，流出或流入某节点的电流的代数和恒为零。

　　KCL 定律是电荷守恒定律的应用，反映了支路电流之间的约束关系，只与电路结构有关，而与电路元件性质无关。KCL 定律不仅适用于节点，也适用于电路中任意假设的封闭面。

2．基尔霍夫电压定律

　　基尔霍夫电压定律（KVL 定律）：在任意时刻，对于集总参数电路的任意回路，某回路上所有支路电压的代数和恒为零。

　　KVL 定律是各支路电压必须遵守的约束关系。

■■■ 特别提示

　　受控源是有源器件外部特性理想化的模型。其电压源的电压或电流源的电流不遵循给定的时间函数，而是受电路中的某个支路电压或电流控制的。

二、叠加定理

　　叠加定理：对于有唯一解的线性电路，多个激励源共同作用时引起的响应（电路中各处电流或电压）等于各个激励源单独作用时（其他激励源置为 0）所引起的响应之和。

　　下面通过例 3.1 来进一步了解叠加定理的应用。

　　例 3.1　叠加定理应用电路如图 3-2 所示，求流过电阻 R_1 的电流 I 和电阻 R_3 两端的电压 U。

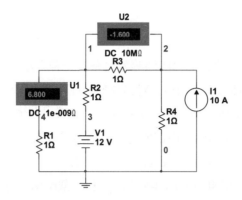

图 3-2　叠加定理应用电路

解： 根据叠加定理，首先求出各个激励源单独作用于电路时的响应。

当独立电压源单独作用时，将独立电流源置零，如图 3-3 所示。

根据欧姆定律、KCL 定律和 KVL 定律可计算出：I_1=4.8A，U_1=2.4V。可见，计算结果与图 3-3 的仿真结果相同。

当独立电流源单独作用时，将独立电压源置零，如图 3-4 所示。

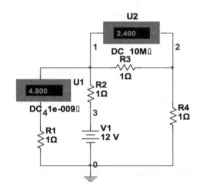

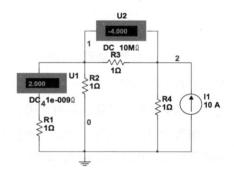

图 3-3　独立电压源单独作用时的电路图　　　　图 3-4　电流源单独作用时的电路图

根据欧姆定律、KCL 定律和 KVL 定律可计算出：I_2=2A，U_2=−4V。可见，计算结果与图 3-4 的仿真结果相同。

最后根据叠加定理可得：$I = I_1 + I_2 = 6.8\text{A}$ ，

$$U = U_1 + U_2 = -1.6\text{V} 。$$

可见该结果与图 3-2 的仿真结果相同。

▪▪ 特别提示

叠加定理只适用于线性电路，对非线性电路并不适用。

当一个独立源单独作用于电路时，应将其他独立源置零。当将电流源置零时，应将其看作开路，当将电压源置零时，应将其看作短路。

三、戴维南定理

戴维南定理是求解有源性二端口网络等效电路的一种方法。

定理内容：任何有源性二端口网络，对其外部特性而言，都可以用一个电压源串联一个电阻的支路替代，其中，电压源的电压等于该有源性二端口网络输出端的开路电压 U_{OC}，串联的电阻 Ro 为该有源性二端口网络内部所有独立源为零时在输出端的等效电阻。

接下来通过例 3.2 来进一步了解戴维南定理的应用。

例 3.2 戴维南定理应用电路如图 3-5 所示，利用戴维南定理求流过电阻 R3 的电流。

解：根据戴维南定理，将 R3 左侧的二端口电路等效为电压源与电阻串联。

首先求开路电压，求开路电压的电路如图 3-6 所示。

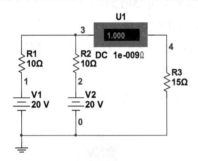

图 3-5 戴维南定理应用电路

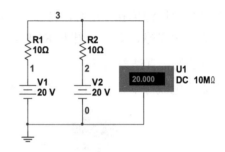

图 3-6 求开路电压的电路

根据欧姆定律、KCL 定律和 KVL 定律可计算出：U_{OC} =20V。可见，其结果与 Multisim 13 软件的仿真结果相同（见图 3-6 中电压表的读数）。

然后求等效电阻，求等效电阻的电路如图 3-7 所示。

根据欧姆定律可计算出：R_o =5kΩ。可见，其结果与 Multisim 13 软件的仿真结果相同（见图 3-7 中万用表的读数）。

则 R3 左侧电路的戴维南等效电路如图 3-8 所示。由此可以计算出：I =1mA，与图 3-5 的电路仿真结果相同。

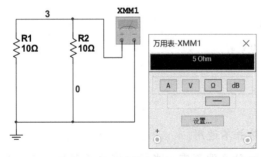

图 3-7 求等效电阻的电路

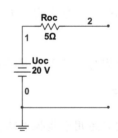

图 3-8 戴维南等效电路

■■■ 特别提示

　　在求等效电阻时，有源性二端口网络内的所有独立源应置零，即独立电压源用短路代替，独立电流源用开路代替，而受控源按无源元件处理，仍保留在电路中。

四、最大功率传输条件

　　在电子技术中，常常要求负载从给定的电源获得最大功率，这就是最大功率传输问题。通常情况下，电子设备的内部结构是非常复杂的，但其向外供电时都是将两个端点接到负载上，因此，可将其看成一个给定的有源性二端口网络。根据戴维南定理，一个有源性二端口网络总可以等效为一个电压源与电阻的串联或一个电流源与电阻的并联，所以，最大功率传输问题实际上就是戴维南定理的应用问题。

　　可以通过参数扫描分析直流电流向负载传输最大功率的条件。接下来通过例 3.3 来进一步了解最大功率传输定理的应用。

　　例 3.3　最大功率传输电路如图 3-9 所示，求负载 RL 的阻值为多少时，电路能获得最大传输功率。

　　解：创建最大功率传输电路。通过计算可知：当负载 RL 的阻值为 5kΩ 时，负载可获得最大传输功率，为 7.2mW。

　　然后执行 Simulate→Analyses→Parameter Sweep Analysis 命令，弹出 Parameter Sweep 对话框（Analysis parameters 选项卡），如图 3-10 所示，设置 Start（起始电阻）为 3kΩ，设置 Stop（终止电阻）为 7kΩ，设置 Number of points 为 5（表示输出 5 条曲线），Increment（增量）自动设为 1kΩ。

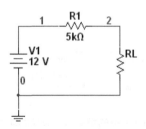

图 3-9　最大功率传输电路

　　如图 3-11 所示，单击 Add expression 按钮，编辑公式 "V(2)*abs(I(V1))"，该公式表示负载 RL 吸收的功率（节点 2 的电压乘以负载电流的绝对值）。

　　在图 3-11 中单击 Simulate 按钮，则图 3-9 中的负载 RL 吸收的功率扫描结果如图 3-12 所示。扫描结果共 5 条曲线，最上面一条曲线对应的负载的电阻 R_L =5kΩ，功率为 7.2mW（RL 能吸收的功率的最大值），从图 3-12 底部的状态栏中也可以看出。

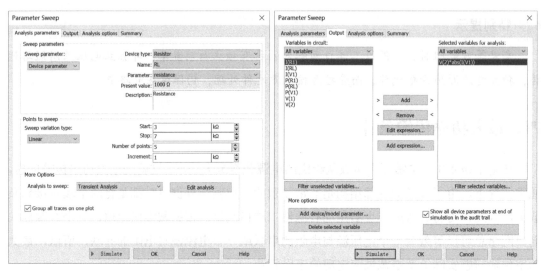

图 3-10　Parameter Sweep 对话框　　　　图 3-11 Parameter Sweep 对话框

（Analysis Sweep 选项卡）

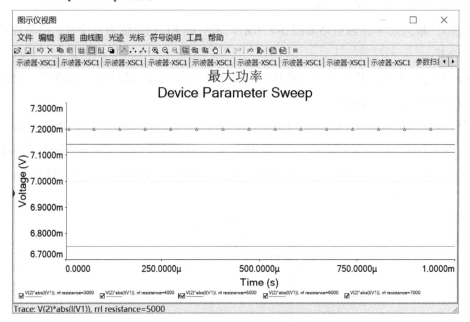

图 3-12　图 3-9 中的负载 RL 吸收的功率扫描结果

特别提示

当电路向负载传输功率时，若传输的功率较小且不主要考虑传输效率，则常常要研究使负载获得最大传输功率的条件。

◆ 任务实施 ◆

通过对上述分析定理进行学习，接下来就对手电筒电路的各个参数进行仿真测量：

首先，绘制手电筒电路，开关选择基本元件库 Switch 中的 SPST 型，灯泡选择元件库 Indicator 中的 Lamp 类型，型号选择 4V_0.5W。

然后，执行仿真命令 Simulate/Run 或单击仿真按钮 □Ⅰ□，闭合开关 J1（开关控制设定为 Space 空格键），就可以观察灯泡的亮灭了。

1．基尔霍夫定律

在电路图中接入电流表和电压表，如图 3-13 所示，仿真出手电筒电路各支路的电压和电流，经计算，各示数是完全符合 KCL 定律和 KVL 定律的。

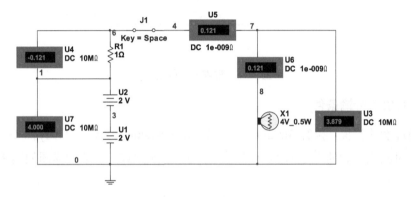

图 3-13　基尔霍夫定律的验证电路

2．叠加定理

根据叠加定理测试出各个激励源单独作用于电路时的响应，图 3-14 所示为电源 U1 单独作用时的电路，图 3-15 所示为电源 U2 单独作用时的电路。

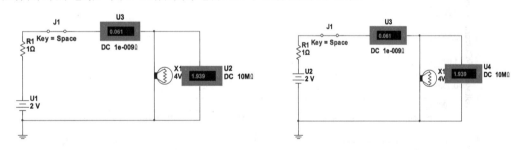

图 3-14　电源 U1 单独作用时的电路　　　图 3-15　电源 U2 单独作用时的电路

将两次测量的电压值和电流值相加，就可以得出图 3-13 中相同位置的电压值和电流值，可见，其结果是完全符合叠加定理的。

3．戴维南定理

根据戴维南定理的内容测试电压源的电压等于该有源性二端口网络的输出端的开路电压 U_{oc}=4V，串联的电阻等于该有源性二端口网络内部的所有独立源为零时输出端的等效电

阻 R_s =1Ω。连接戴维南等效电路，如图 3-16 所示。经测试，等效电路中相同位置的电压值和电流值与图 3-13 中的值完全相等。

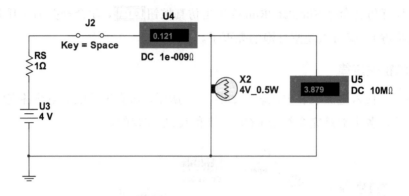

图 3-16　戴维南等效电路

4．最大功率传输条件

可以通过参数扫描，执行 Simulate→Analyses→Parameter Sweep Analysis 命令，当最上面一条曲线对应的负载的电阻为 1kΩ 时，功率可以达到 4W，参数扫描图如图 3-17 所示。

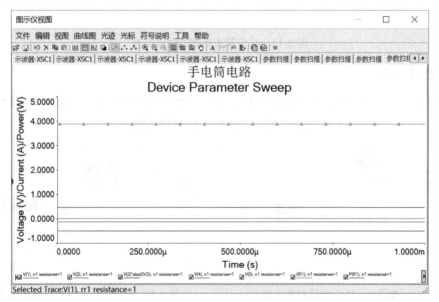

图 3-17　参数扫描图

■■■ 拓展阅读

齐次定理

定理内容：对于具有唯一解的线性电路，当只有一个激励源（独立电压源或独立电流源）作用时，其响应（电路中任意一处的电压或电流）与激励源成正比。

齐次定理描述了线性电路中激励源与响应之间的关系。

诺顿定理

定理内容：任何有源性二端口网络，对其外部特性而言，都可用一个电流源并联一个电阻的支路来代替，其中，电流源等于有源性二端口网络输出端的短路电流，并联电阻等于有源性二端口网络内部所有独立源为零时输出端的等效电阻。

思考与练习

1. 利用叠加定理测量图 3-18 中 AB 支路的电流，并与戴维南等效电路测量出的 AB 支路的电流进行比较。

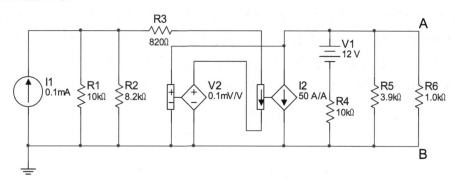

图 3-18　叠加定理应用电路

2. 最大功率传输应用电路如图 3-19 所示，负载 R 的电阻为何值时能获得最大传输功率？最大传输功率是多少？

3. 叠加定理应用电路如图 3-20 所示，用叠加定理测量流过电压源的电流，并与图 3-20 中的结果进行比较。

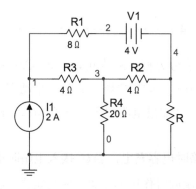

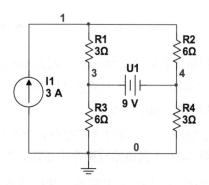

图 3-19　最大功率传输应用电路　　　　　　图 3-20　叠加定理应用电路

任务 3.2　动态电路的仿真分析

（1）熟练掌握 Multisim 13 软件的使用方法。

（2）熟练掌握动态电路的分析方法。

（3）熟练掌握虚拟仪器的使用方法。

◆ **任务引入** ◆

许多电路不仅包含电阻元件和电源元件，还包括电容元件和电感元件。电容元件和电感元件的电压和电流的约束关系是导数和积分的关系，称为动态元件。含有动态元件的电路称为动态电路，描述动态电路的方程是以电流和电压为变量的微分方程。在动态电路中，电路的响应不仅与激励源有关，而且与各动态元件的初始储能有关。

试分析如图 3-21 所示的动态电路，仿真该电路的全响应。

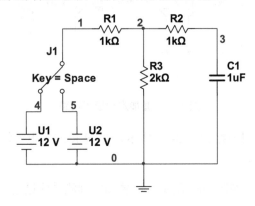

图 3-21　动态电路

◆ **任务分析** ◆

描述动态电路的电压和电流关系的方程是一组微分方程，通常可以通过 KVL 定律、KCL 定律和元件的伏安关系（VAR）来建立此微分方程。如果电路中只有一个动态元件，则所得的是一阶微分方程，相应的电路称为一阶电路（如果电路中含有 n 个动态元件，则称为 n 阶电路，其所得的方程为 n 阶微分方程）。

图 3-21 中的电路有两个电压源，当 U_1 接入电路时电容充电，当 U_2 接入电路时电容放电（或反方向充电），其响应是初始储能和外加激励源同时作用的结果，即全响应。反复按空格键使开关 J1 反复打开和闭合，通过仿真软件中的示波器就可以观察到电路全响应波

形。按发生电路响应的原因可将电路的完全响应（微分方程的全解）分为零输入响应和零状态响应。

━━━━━━━━━━━━━━━ ◆ 相关知识 ◆ ━━━━━━━━━━━━━━━

一、电容充电和放电

电容元件是储存电能的元件，是实际电容的理想模型。在电容元件上的电压与电荷参考极性一致的条件下，在任意时刻，电荷量与其端电压的关系为 $Q_t = C \times U_t$。如图 3-22 所示，当电容充电和放电时，可用示波器观察电容两端的电压波形。

当开关 J1 闭合时，电容通过 R1 充电；当开关 J1 打开时，电容通过 R2 放电，电容的充电和放电时间一般为 4τ。将开关 J1 反复打开和闭合，就可以在示波器的屏幕上观测到如图 3-23 所示的电容两端的电压波形。

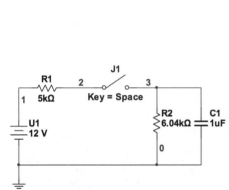

图 3-22　电容充电和放电的电路图

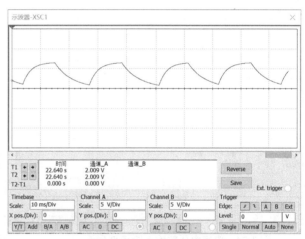

图 3-23　电容两端的电压波形

■■■ **特别提示**

电感元件和电容元件都是储能元件。

在直流电源激励的电路模型中，在各电压、电流均不随时间变化的情况下，电容元件相当于开路，电感元件相当于短路。

二、全响应

当一个非零初始状态的电路受到激励时，电路的响应为全响应。对于线性电路，全响应是零输入响应和零状态响应之和。

1．零输入响应

一阶电路仅有一个动态元件（电容或电感），如果在换路瞬间动态元件已储存有能量，那么即使电路中无外加激励电源，电路中的动态元件也会通过电路放电，在电路中产生响应，即零输入响应。对于图 3-22 中的电路，当开关 J1 闭合时，电容通过 R1 充电，电路达到稳定状态，电容储存有能量。当开关 J1 打开时，电容通过 R2 放电，在电路中产生响应，即零输入响应，电容电压零输入响应波形图如图 3-24 所示。

2．零状态响应

当动态电路的初始储能为零（初始状态为零）时，仅由外加激励电源产生的响应就是零状态响应。对于图 3-22 中的电路，若电容的初始储能为零。当开关 J1 闭合时，电容通过 R1 充电，响应由外加激励电源产生，即零状态响应，电容电压零状态响应波形图如图 3-25 所示。

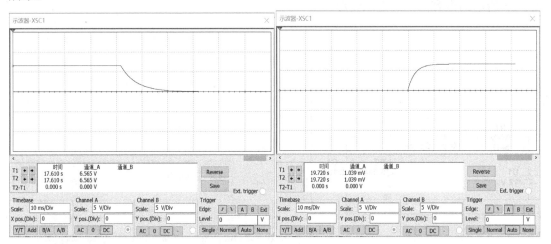

图 3-24　电容电压零输入响应波形图　　　　图 3-25　电容电压零状态响应波形图

▪▪▪ 特别提示

动态电流的全响应由独立电源和储能元件的初始状态共同产生。

当选取的一阶电路的时间常数足够大时，电路输出与输入之间呈积分关系。

当选取的一阶电路的时间常数足够小时，电路输出与输入之间呈微分关系。

───────────── ◆ 任务实施 ◆ ─────────────

绘制动态电路，如图 3-21 所示，在电容上接入示波器，如图 3-26 所示，观察电容的充电和放电波形。反复按下 Space 空格键使开关 J1 反复打开和闭合，就可以观察到电路的全响应波形，如图 3-27 所示。

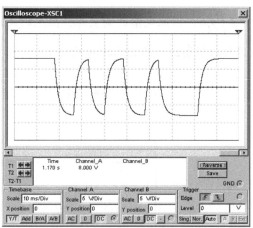

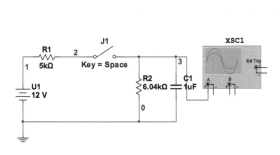

图 3-26　动态电路接入示波器　　　　　　图 3-27　电容电压全响应波形

■▪▪ 特别提示

开关的开、闭时间不同，其响应也不同。

■▪▪ 拓展阅读

二阶电路的响应

当电路中含有两个独立的动态元件时，描述电路的方程就是二阶常系数微分方程。对于 RLC 串联电路，可以用二阶常系数微分方程来描述，当外加激励为零时，电路的微分方程为

$$LC\frac{\mathrm{d}u}{\mathrm{d}t} + RC\frac{\mathrm{d}u}{\mathrm{d}t} + UC = 0$$

二阶 RLC 串联电路（欠阻尼）如图 3-28 所示，分析该电路的零输入响应。

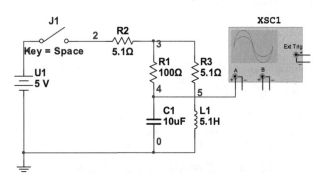

图 3-28　二阶 RLC 串联电路（欠阻尼）

当开关 J1 闭合时，电源给储能元件提供能量，其响应是外加激励产生的，即零状态响应。当开关 J1 打开后，电路的响应是储能元件的储能产生的，即零输入响应。由于

$R < 2\sqrt{L/C}$，因此电路的响应为欠阻尼的衰减振荡过程。通过 Multisim 13 仿真软件中的示波器可以观察到电路的零输入响应波形，如图 3-29 所示。

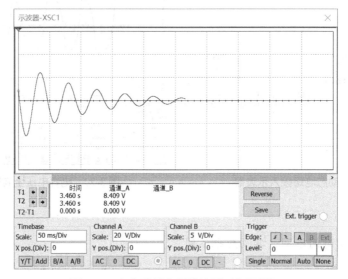

图 3-29　电容两端电压的波形（欠阻尼）

若将图 3-28 中的二阶 RLC 串联电路中的电阻 R1 的值改为 1.43kΩ，由于电路中的 $R = 2\sqrt{L/C}$，因此电路的响应为临界阻尼的衰减振荡过程，通过 Multisim 13 仿真软件中的示波器就可以观察到该过程，电容两端电压的波形（临界阻尼）如图 3-30 所示。

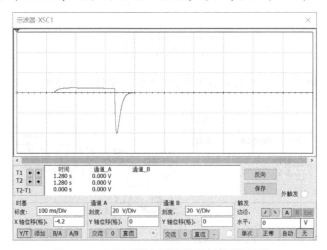

图 3-30　电容两端电压的波形（临界阻尼）

若将图 3-28 所示的二阶 RLC 串联电路中的电阻 R1 的值改为 10kΩ，由于电路中的 $R > 2\sqrt{L/C}$，因此电路的响应为过阻尼的非振荡过程，通过 Multisim 13 仿真软件中的示波器就可以观察到该过程，电容两端电压的波形（过阻尼）如图 3-31 所示。

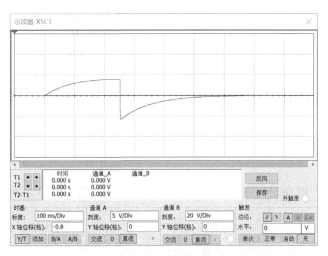

图 3-31　电容两端电压的波形（过阻尼）

思考与练习

1. 电容充电和放电电路如图 3-32 所示，试用示波器观察电容充电和放电的情况，然后改变电容的大小，再次观察电容充电和放电的情况。

2. 利用示波器观察如图 3-33 所示的 RC 充放电电路中的电容的充电和放电情况。

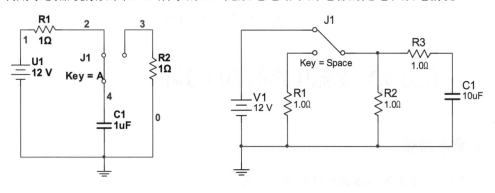

图 3-32　电容充电和放电电路　　　　　图 3-33　RC 充放电电路

3. RC 积分电路如图 3-34 所示，试用 Multisim 13 中的示波器观察 RC 积分电路的工作过程（激励为 1kHz 的方波信号）。

4. RC 微分电路如图 3-35 所示，试用 Multisim 13 中的示波器观察 RC 微分电路的工作过程（激励为 500Hz 的方波信号）。

5. RLC 串联电路如图 3-36 所示，试用 Multisim 13 中的示波器观察电容两端电压的波形。

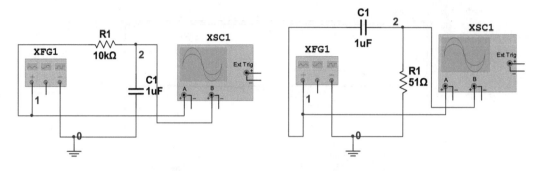

图 3-34 RC 积分电路   图 3-35 RC 微分电路

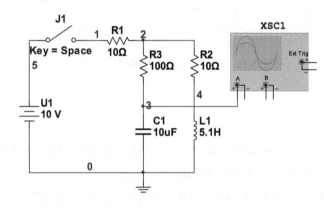

图 3-36 RLC 串联电路

任务 3.3   谐振电路的仿真分析

教学目标

（1）熟练掌握 Multisim 13 软件的使用方法。

（2）熟练掌握谐振电路的仿真分析方法。

（3）掌握 Multisim 13 软件中虚拟仪器的使用方法。

◆ **任务引入** ◆

　　串联谐振电路如图 3-37 所示，并联谐振电路如图 3-38 所示，试用 Multisim 13 仿真软件提供的示波器观察电路的外加电压与谐振电流的波形，并用波特图仪测定其频率特性。

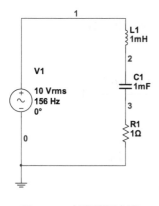

图 3-37　串联谐振电路

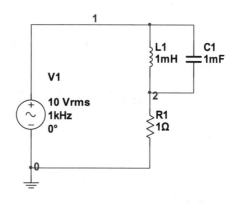

图 3-38　并联谐振电路

◆ 任务分析 ◆

对于含有电感、电容、电阻元件的单口网络，在某些工作频率上，当出现端口电压和电流波形的相位相同的情况时，电路就发生了谐振，发生谐振时电路中的 $\omega L - \dfrac{1}{\omega C} = 0$。

当发生串联谐振时，电阻两端的电压与流过的电流的相位相同，电阻两端的电压最大，与电源电压相等，流过的电流最小。也就是说，可以通过观察电阻两端的电压和流过的电流测量出电路是否发生串联谐振。

当发生并联谐振时，电阻两端的电压与流过的电流的相位相同，流过电阻的电流与外加电流源的电流相等，电感电流与电容电流之和为零。

◆ 相关知识 ◆

谐振现象是正弦稳态电路的一种特定的工作状态。谐振电路通常由电感、电容和电阻组成，按照电路的组成方式可分为串联谐振电路和并联谐振电路。

一、串联谐振电路

当 RLC 串联电路的电抗等于零，电流 I 与电源电压 U_s 的相位相同 时，称电路发生了串联谐振。即 $\omega = \omega_0 = \dfrac{1}{\sqrt{LC}}$，这时的频率称为串联谐振频率，用 f_0 表示。

图 3-37 中的电路为串联谐振电路，串联谐振电路的频率特性曲线呈单峰特性；当电路工作在谐振频率时，电路呈纯阻态，相位为 0。单峰波形的平坦程度与电路的品质因数的大小有关。

由 $X = \omega_0 L - \dfrac{1}{\omega_0 C}$ 可得，该串联谐振电路的谐振频率为

$$f_0 = \frac{1}{2\pi\sqrt{L_1 C_1}} = \frac{1}{2\pi\sqrt{1.0\times10^{-3}\times1\times10^{-3}}} \approx 159.24\text{Hz}$$

品质因数为

$$Q = \frac{\omega_0 L_1}{R_1} = \frac{2\pi f_0 L_1}{R_1} = \frac{2\times3.14\times159.24\times1.0\times10^{-3}}{1} \approx 1$$

频带宽度为

$$\text{BW} = \frac{R_1}{2\pi L_1} = \frac{1}{2\times3.14\times1.0\times10^{-3}}\text{Hz} \approx 159.24\text{Hz}$$

■▪■ 特别提示

当电路发生谐振时，由于电抗 $X=0$，因此电路呈纯阻性，激励电压全部加在电阻上，电阻上的电压达到最大值，电容电压和电感电压的模值相等，均为激励电压的 Q 倍。

二、并联谐振电路

并联谐振电路是串联谐振电路的对偶电路，因此它的主要性质与串联谐振电路相同。

◆ 任务实施 ◆

1. 串联谐振测试

在图 3-37 中接入示波器和波特图仪，如图 3-39 所示。

双击示波器图标，调节 AB 通道的刻度，使波形实现最佳观测大小，如图 3-40 所示。

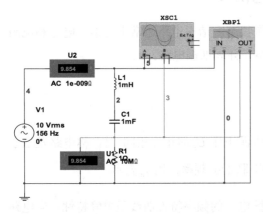

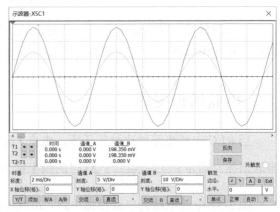

图 3-39　接入示波器和波特图仪的串联谐振电路　　图 3-40　串联谐振电路的电压和电流波形

当电路发生谐振时，电路呈纯阻性，外加电压与谐振电流同相位。

双击波特图仪图标，打开波特图仪，设置其参数：垂直坐标为 Lin，水平坐标为 Log；垂直坐标的起点值为 0，终点值为 1；水平坐标的起点值为 1Hz，终点值为 10MHz。运行电路进行仿真，观察频率特性曲线，如图 3-41 和图 3-42 所示，移动读数轴，从中可以读出，其中心频率约为 158.49Hz，与理论计算值基本相符。

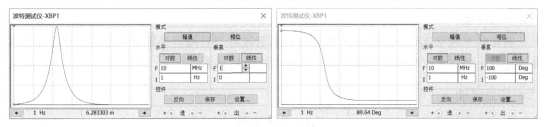

图 3-41　串联谐振电路的幅频特性曲线　　　　图 3-42　串联谐振电路的相频特性曲线

从分析结果中可以看出，R_1 对电路的谐振频率无影响；R_1 越小，Q 值越大。

2．并联谐振

在图 3-39 中接入示波器和波特图仪，如图 3-43 所示。

由于电路发生谐振时，电路呈纯阻性，因此外加电压与谐振电流同相位。并联谐振电路的电压和电流波形如图 3-44 所示，并联揩振电路的幅频特性曲线和并联揩振电路的相频特性曲线分别如图 3-45 和图 3-46 所示。

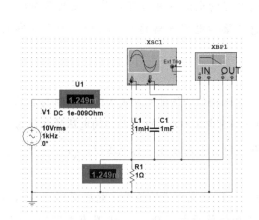

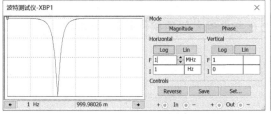

图 3-43　接入示波器和波特图仪的并联谐振电路　　图 3-44　并联谐振电路的电压和电流波形

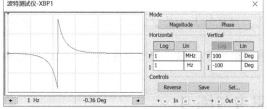

图 3-45　并联谐振电路的幅频特性曲线　　　　图 3-46　并联谐振电路的相频特性曲线

■■■ 特别提示

波特图仪的精度问题会使测量结果存在一定的误差，要提高精度，可以将扫描波形的点数设置得大一点。

将电路中的电流信号通过电流探针传输至示波器，利用示波器读取电流信号并与电压波形进行比较，可以很快捷地测量出电压和电流的相位差。

■■■ 拓展阅读

正弦稳态分析

在线性电路中，当激励是正弦电流（或电压）时，其响应也是同频率的正弦电流（或电压），因此这种电路称为正弦稳态电路。时不变电路在正弦激励下的稳态响应就是正弦稳态分析。

一、电路定理的相量形式

在正弦交流电路中，KCL 定律和 KVL 定律适用于所有瞬时值和相量形式。

1. 交流电路的基尔霍夫电流定律

在交流电路中应用基尔霍夫电流定律的相量形式时，电流必须使用相量相加。由于流过电感的电流的相位落后其两端电压 90°，流过电容的电流的相位超前其两端电压 90°。因此电感电流与电容电流有 180° 的相位差，电感支路和电容支路的电流之和 I_x 等于电感电流与电容电流之差，总电流 $I = \sqrt{I_r{}^2 + I_x{}^2}$。

2. 交流电路的基尔霍夫电压定律

在交流电路中应用基尔霍夫电压定律时，各个电压相加必须使用相量加法。电阻两端的电压的相位与电流的相位相同，电感两端的电压的相位超前电流 90°，电容两端的电压的相位落后电流 90°。所以总电抗两端的电压 U_x 等于电感电压与电容电压之差，总电压 $U = \sqrt{U_r{}^2 + U_x{}^2}$。

3. 欧姆定律的相量形式

在交流电路中，欧姆定律确定了电感元件的电压和电流之间的关系。电感两端的电压的有效值等于 ωL 与电流有效值的乘积，电感电流的相位落后电压 90°。ωL 具有电阻的量纲，称其为电感的感抗，用 X_L 表示。R_L 串联电路的阻抗 Z 为电阻 R 和电感的感抗的相量和。因此，阻抗的大小为 $Z = \sqrt{R^2 + X_L{}^2}$，阻抗角为电压与电流之间的相位差 $\theta = \arctan\left(\dfrac{X_L}{R}\right)$。若感抗远大于电阻，则可将电路视为纯电感电路。

思考与练习

1. 图 3-47 所示为 RLC 串联谐振电路，试用 Multisim 13 仿真软件中的波特图仪测量电路的频率特性。

2．图 3-48 所示为 RLC 并联谐振电路，试用 Multisim 13 仿真软件中的波特图仪测量电路的频率特性。

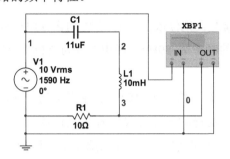 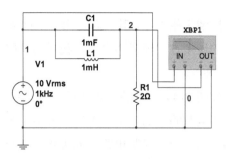

图 3-47 RLC 串联谐振电路　　　　　　　图 3-48 RLC 并联谐振电路

 # 任务 3.4　三相电路的仿真分析

教学目标

（1）熟练掌握 Multisim 13 软件的使用方法。

（2）熟练掌握三相电路的仿真分析方法。

◆ 任务引入 ◆

图 3-49 所示为三相四线制 Y 型对称负载电路，试用电流表观测中线电流，用示波器观测 b 相、c 相的电压波形。

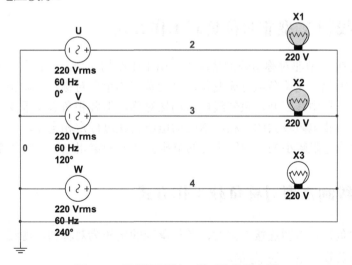

图 3-49 三相四线制 Y 型对称负载电路

━━━━━━━━━━━━━ ◆ 任务分析 ◆ ━━━━━━━━━━━━━

所谓三相电路，其实就是由三个同频率、等幅度且相位依次相差 120° 的正弦电压源按一定的连接方式组成的电路，我国的民用三相电的频率为 50Hz，每相电压为 220V，线电压为 380V。

如图 3-49 所示的三相四线制 Y 型对称负载电路，将三个电源的负端连接到公共接地点，将电源的正端分别连接三个大小相等的负载，这样的连接方式称为 Y 型连接，这样的电路称为三相三线制电路。如果将这三个负载的公共端连接到公共接地端，就相当于将负载的公共端与电源的公共端相连，形成中性线，那么它就变成了三相四线制电路。

当负载完全对称时，中线电流为零，三相负载的中点与地断开，三相电流将不发生任何变化，这说明了在负载完全对称的情况下，三相四线制电路和三相三线制电路是等效的。

━━━━━━━━━━━━━ ◆ 相关知识 ◆ ━━━━━━━━━━━━━

一、三相三线制电路与三相四线制电路

在三相四线制电路中，无论负载对称与否，负载均可以采用 Y 型连接，并有 $U_1 = \sqrt{3} U_p$，$I_1 = I_p$。当负载对称时，中性线上无电流，当负载不对称时，中性线上有电流。

在三相三线制电路中，当负载为 Y 型连接时，线电流 I_1 与相电流 I_p 相等，线电压 U_1 与相电压 U_p 的关系为 $U_1 = \sqrt{3} U_p$；当负载为△型连接时，线电压 U_1 与相电压 U_p 相等，线电流与相电流的关系为 $U_1 = \sqrt{3} I_p$。

二、三相三线制 Y 型非对称负载工作方式

在三相三线制 Y 型非对称负载的情况下，由于中线的作用，三相负载成为三个互不影响的独立电路，因此，无论负载有无变化，每相负载均承受对称的电源相电压，从而保证负载正常工作。一旦中线断开，虽然线电压仍然对称，但各相负载所承受的对称相电压遭到了破坏，一般负载电阻较大的一相所承受的电压会超过额定相电压，若超过太多则会把负载烧断；而负载电阻较小的一相所承受的电压会低于额定相电压，因此不能正常工作。

三、三相三线制△型对称负载工作方式

当三相对称负载呈△型连接方式时，各相承受的电压为对称的电源线电压。当负载对称时，线电流为负载相电流的 $\sqrt{3}$ 倍。

◆ **任务实施** ◆

绘制完三相四线制电路后，单击仿真按钮，各相的灯泡发光，电路正常运行。

向如图 3-49 所示的三相四线制 Y 型对称负载电路中接入四踪示波器，如图 3-50 所示，将电压表并联在两相电源之间，测量出线电压为 380V，每相串联一个电流表，测量各相的相电流，结果相等，中性线电流为 0A。

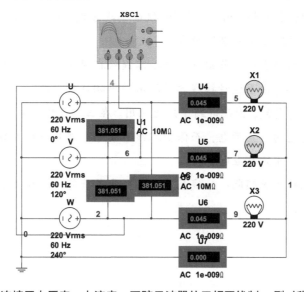

图 3-50　连接了电压表、电流表、四踪示波器的三相四线制 Y 型对称负载电路

将四踪示波器的 A、B、C 三个端口分别连接三相电源 U、V、W，测量出三相电压波形，如图 3-51 所示，从图 3-51 中可以发现，三相电源的大小相等，各相之间的相位差为 120°。

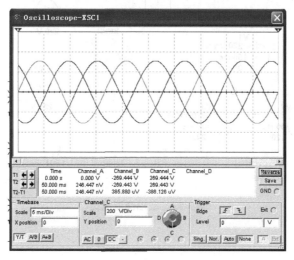

图 3-51　电源电压波形

■■■ **特别提示**

电压表、电流表默认设置为直流 DC，在交流电路中使用时应更改其属性。

■■■ **拓展阅读**

三相五线制

在三相四线制供电系统中，若把零线的两个作用分开，即一根线作为工作零线（N），另外一根线专门作为保护零线（PE），得到的供电接线方式称为三相五线制。三相五线制包括三根相线、一根工作零线、一根保护零线。

三相五线制接线的特点：工作零线与保护零线除在变压器中性点共同接地外，两线不再与任何其他电器连接。由于这种接线方式能用于单相负载、没有中性点引出的三相负载和有中性点引出的三相负载，因此得到了广泛应用。在三相负载不完全平衡的运行情况下，工作零线是有电流通过的，且带电，而保护零线不带电，因此三相五线制供电方式的接地系统完全具备安全和可靠的基准电位。

三相五线制标准的导线颜色：A 线呈黄色，B 线呈蓝色，C 线呈红色，N 线呈褐色，PE 线呈黄绿色或黑色。

思考与练习

测量如图 3-52 所示的三相交流电路的功率。

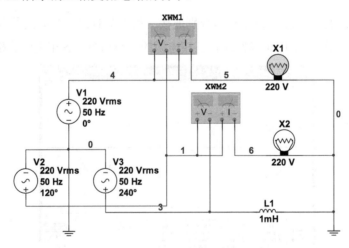

图 3-52 三相交流电路

项目四 Multisim 13 在模拟电子线路中的应用

 引言

放大电路是模拟电子线路基本的单元电路，通常由有源器件、信号源、负载和耦合电路构成。根据有源器件的不同，放大电路可分为晶体三极管（BJT）放大电路及场效应管（FET）放大电路。

任务 4.1 晶体管放大电路的仿真设计

教学目标

（1）熟悉 Multisim 13 软件的使用方法。

（2）掌握放大器静态工作点的仿真方法及其对放大器性能的影响。

（3）学习放大器静态工作点、电压放大倍数、输入电阻、输出电阻的仿真方法，了解共发射极电路的特性。

◆ 任务引入 ◆

电阻分压式单管放大电路的偏置电路采用由 R3、R4、R2 组成的分压电路，在发射极中接有电阻 R5 和 R6，以稳定放大电路的静态工作点。当放大电路输入信号 U_i 后，输出端便可以输出一个与 U_i 相位相反、幅度增大的输出信号 U_o，从而实现了放大电压的功能。试用 Multisim 13 仿真软件对其进行放大电路静态工作点的仿真分析。

◆ 任务分析 ◆

本任务用到的虚拟仪器有双踪示波器、信号发生器、交流毫伏表、数字万用表。

一、共发射极放大电路

共发射极放大电路既有电压增益，又有电流增益，是一种被广泛应用的放大电路，常用作各种放大电路的主放大级，共发射极放大电路如图 4-1 所示。它是一种电阻分压式单管放大电路，其偏置电路采用由 R3、R4、R2 组成的分压电路，在发射极中接有电阻 R5 和 R6，以稳定放大电路的静态工作点。当放大电路输入信号 U_i 后，输出端便可输出一个与 U_i 相位相反、幅度增大的输出信号 U_o，从而实现放大电压的功能。

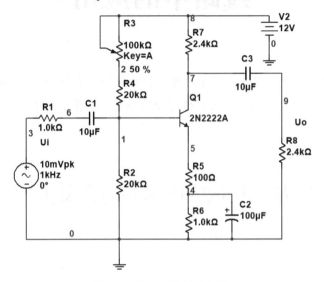

图 4-1　共发射极放大电路

（一）放大电路的动态分析

1. 放大电路的交流分析

执行 Simulate→Analyses→AC Analysis 命令，弹出 AC Analysis 对话框，在其 Output 选项卡中选定节点 9 进行仿真；然后在 Frequency Parameters 选项卡中设置起始频率（FSTART）为 10Hz，设置终点频率（FSTOP）为 10GHz，选择扫描方式（Sweep Type）为十倍程（Decade）扫描，单击 Simulate 按钮，放大电路的交流分析结果如图 4-2 所示，绘出其幅频特性曲线和相频特性曲线。

单击菜单栏中的 ⊞ 按钮，即可显示游标和相应位置的读数。从图 4-2 中可以看出，电路稳频时的增益 A_u=9.36，上限频率 f_H 为 3.4868MHz，下限频率 f_L 为 14.8545Hz，通频带 BW 约为 3.4868MHz。

2. 放大电路的瞬态分析

执行 Simulate→Analyses→Transient Analysis 命令，弹出 Transient Analysis 对话框，在其 Output 选项卡中选定节点 3（输入节点）和节点 9（输出节点）进行仿真，Start time 和 End time 分别选择 0s 和 0.001s，单击 Simulate 按钮，放大电路的瞬态分析结果如图 4-3 所示。

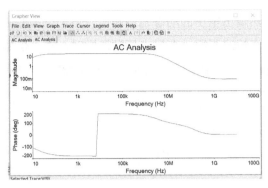

图 4-2 放大电路的交流分析结果

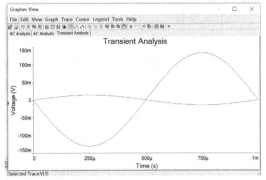

图 4-3 放大电路的瞬态分析结果

（二）电压源和电流源激励下放大电路的输入与输出情况

1．电压源激励

图 4-1 中的共发射极放大电路的激励源是电压源，向输入端输入 U_s =10cos（2000πt）mV 的正弦信号，输出波形无明显失真，输出电压信号的幅度为 91mV。若增大输入电压信号的幅度至 500mV，放大电路的输入波形与输出波形如图 4-4 所示，明显可以看出波形上凸下尖，产生了非线性失真。输出电压信号的幅度正半周为 2.190V，而负半周却有 3.740V。

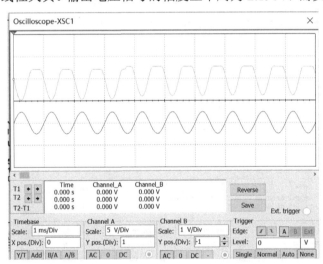

图 4-4 放大电路的输入波形与输出波形

2．电流源激励

改变如图 4-1 所示的共发射极放大电路中的激励源为电流源，如图 4-5 所示，设 $I_s(t) = I_s \cos(2000\pi \tau)\mu A$ ，调整输入信号的电流幅度，使输出电压峰-峰值与图 4-4 相同，约为 182mV，此时 I_s=0.95μA。再观察电路的波形，如图 4-6 所示。从图 4-6 中可见，放大电路的输出波形无明显失真。

以上现象说明，对于同一个放大电路，虽然输出电压的动态范围相同，但是电压源激励和电流源激励的不同会使输出电压波形的失真情况不同。在用电压源激励时，输入信号的幅度增大，输出电压波形有明显的非线性失真，这是由晶体管输入特性的非线性导致的。

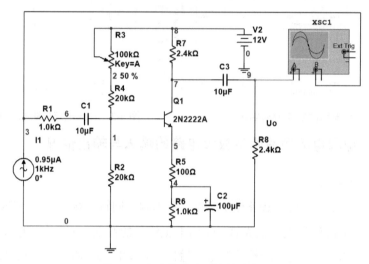

图 4-5   电流源激励时的放大电路

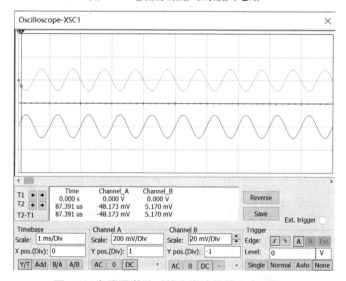

图 4-6   电流源激励时放大电路的输出电压波形

■ ■ ■ **特别提示**

用电流源激励时，由于 I_c 与 I_b 近似成线性关系，而输出电压是 I_c 在 R_c 上产生的压降，因此输出电压 U_o 的波形与输入电流源信号相比无明显失真。当信号源为低内阻时，输出电压相对于信号源电压有较大的失真；当信号源为高内阻时，输出电压相对于信号源电压而言，失真很小。

（三）放大电路的指标测量

1．放大倍数 A_v 的测量

Multisim 13 仿真软件提供的瞬态分析（Transient Analysis）是一种非线性时域分析方法。利用瞬态分析结果可以方便地仿真电路的输入波形和输出波形，测量输入波形和输出波形的峰值所用的公式为

$$A_v = \frac{U_o}{U_i}$$

从而可以方便地计算出放大电路的增益。

首先在 Multisim 13 的电路窗口中创建如图 4-1 所示的电路，执行 Simulate→Analyses→Transient Analysis 命令，在弹出的 Transient Analysis 对话框中设置起始时间（Start Time）为 0，设置终止时间（End Time）为 0.001s，在 Output 选项卡中选择输入节点 3 和输出节点 9 为分析节点。单击 Simulate 按钮，利用示波器测出不失真的输入仿真结果和输出仿真结果，再利用指针读取输入信号波形和输出信号波形的峰值，并将其代入公式。

2．输入电阻 R_i 和输出电阻 R_o 的测量

如图 4-7 所示，在输入端和输出端分别接入交流模式的电表，测量 I_i、I_o、U_i、U_{o1}（R8 接入时的输出电压）和 U_{o2}（R8 开路时的输出电压）。

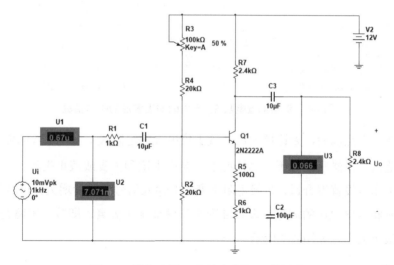

图 4-7　输入电阻 R_i 和输出电阻 R_o 的测量

从图 4-7 中可知，输入交流电流的有效值 I_i 为 0.67μA，输入交流电压的有效值 U_i 为 7.071mV，所以 $R_i = U_i / I_i \approx 102013\Omega$。

输出电压 U_{o1} 的有效值为 0.066V，输出电压 U_{o2} 的有效值为 0.132V。可计算出：$R_o = (U_{o2} / U_{o1} - 1) R_8 \approx 2.4\text{k}\Omega$。

（四）组件参数对放大电路性能的影响

下面讲述静态工作点对放大电路性能的影响。

假定 R_c、R_l 不变，输入信号从 0 开始增大，使输出信号足够大但不失真。若工作点偏高，则产生饱和失真；若工作点偏低，则产生截止失真。一般来说，静态工作点 Q 应选在交流负载线的中央，这时可获得最大的不失真输出，即可得到最大的动态工作范围。

增大 R_{b1} 或减小 R_{b2}，工作点升高，但交流负载线不变，动态范围不变；增大 U_{ce}，交流负载线向右平移，动态范围增大，同样会提升工作点；增大 R_c，交流负载线的斜率的绝对值减小，动态范围减小，同时会降低工作点；反之则相反。

对图 4-1 所示的电路来说，当输入信号的幅度适当时，调整偏置电阻 R_{b2} 产生的输出波形的失真情况如图 4-8 所示。

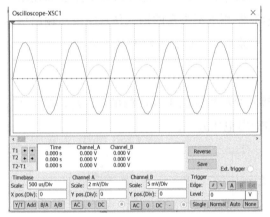 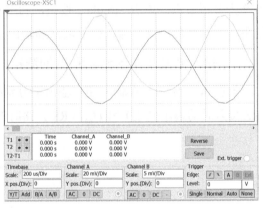

（a）R_{b2} 减小产生的饱和失真　　　　　　（b）R_{b2} 增加产生的截止失真

图 4-8　调整偏置电阻 R_{b2} 产生的输出波形的失真情况

决定静态工作点以后，无论增大还是减小集电极的电阻 R_c，都会影响输出电流或输出电压的动态范围。在激励信号不变的情况下，会产生饱和失真或截止失真。

若静态工作点设置得合适，负载电阻不变，但输入信号的幅度增大，超出其动态范围，会使输出电流和输出电压的波形出现顶部削平和底部削平失真，即放大电路既产生饱和失真，又产生截止失真，如图 4-9 所示。

■■■ **特别提示**

以上讨论充分说明了放大电路的静态工作点、输入信号及集电极负载电阻对放大电路的输出电流和输出电压波形的动态范围的影响，因此设计一个放大电路时首先要充分考虑这些因素。

（五）三极管故障对放大电路的影响

利用 Multisim 13 仿真软件可以虚拟仿真三极管的各种故障现象。为观察方便并与输入波形进行对比，将 B 通道的输出波形向下移 1.2 格，将 A 通道的输入波形向上移 1.2 格。对如图 4-1 所示的共发射极放大电路，三极管 B 极和 E 极开路时放大电路的输入波形和输出波形如图 4-10 所示，输出信号的电压为 0，与理论分析吻合。

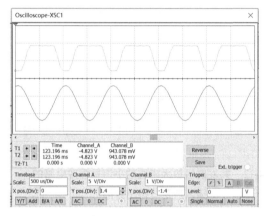

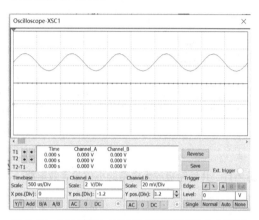

图 4-9　输入信号的幅度过大引起的失真　　　图 4-10　三极管 B 极和 E 极开路时放大电路的
　　　　　　　　　　　　　　　　　　　　　　　　　　　　输入波形和输出波形

二、常见类型的基本放大电路的比较

用晶体三极管可以构成共发射极（CE）、共集电极（CC）和共基极（CB）3 种基本组态的放大电路，与晶体三极管相对应，场效应管可以构成共源（CS）、共栅（CG）、共漏（CD）3 种组态的放大电路。

（一）共发射极放大电路及共源放大电路

1. 电路特点

共发射极放大电路及共源放大电路的特点：输入信号与输出信号反相，增益大，与负载无关；因为 g_m（晶体三极管）$>> g_n$（场效应管），所以在同样的 RL 下，晶体三极管放大电路的电压增益比场效应管的电压增益大；场效应管放大电路的输入阻抗比晶体管放大电路大得多，因此场效应管放大电路比较适合用作输入极。

2. 电路仿真

（1）共发射极放大电路及其小信号等效电路的仿真。

共发射极放大电路如图 4-1 所示，共发射极放大电路的小信号等效电路如图 4-11 所示，通过示波器观察共发射极放大电路的输入波形与输出波形，如图 4-12 所示。

从图 4-12 的输入与输出波形可知，共发射极放大电路与其对应的小信号等效电路的输入波形和输出波形相同，即共发射极放大电路可用其小信号等效电路来代替。

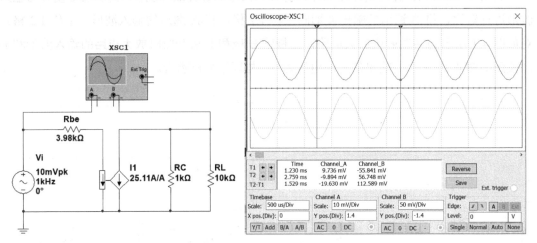

图 4-11　共发射极放大电路的小信号等效电路　　图 4-12　共发射极放大电路的小信号等效电路的
输入波形与输出波形

（2）分压式自偏压共源放大电路及其小信号等效电路的仿真。

分压式自偏压共源放大电路如图 4-13 所示，通过示波器观察分压式自偏压共源放大电路的输入波形与输出波形，如图 4-14 所示。

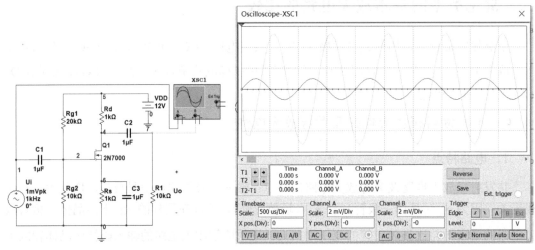

图 4-13　分压式自偏压共源放大电路　　　　图 4-14　分压式自偏压共源放大电路的
输入波形与输出波形

分压式自偏压共源放大电路的小信号等效电路如图 4-15 所示，分压式自偏压共源放大电路的小信号等效电路的输入波形与输出波形如图 4-16 所示。

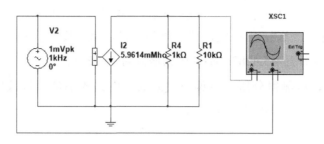

图 4-15　分压式自偏压共源放大电路的小信号等效电路

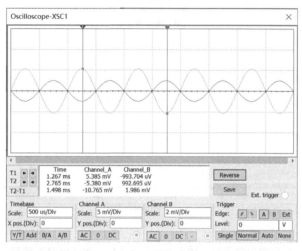

图 4-16　分压式自偏压共源放大电路的小信号等效电路的输入波形与输出波形

3．频率响应

利用 Multisim 13 仿真软件自带的交流分析功能可以得到共发射极放大电路的小信号等效电路的幅频及相频响应曲线，如图 4-17 所示。单击 按钮，可测得其幅频增益为 5.7355（原电路的幅频曲线中频率为 1kHz 时对应的增益），相频响应为 180°。

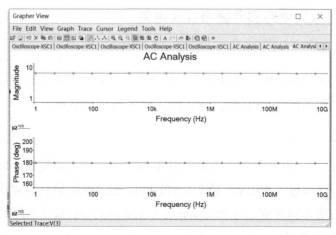

图 4-17　共发射极放大电路的小信号等效电路的幅频及相频响应曲线

用同样的方法可以得到分压式自偏压共源放大电路及其小信号等效电路的频率响应曲线，如图 4-18 所示。单击 按钮，可测得分压式自偏压共源放大电路的下限频率 f_L = 4.7149kHz，上限频率 f_H = 5.4287MHz，中频增益为 17.3595。

单击 按钮，可测得分压式自偏压共源放大电路的小信号等效电路的幅频增益为 5.4195，频带无限宽，相频响应为 180°。

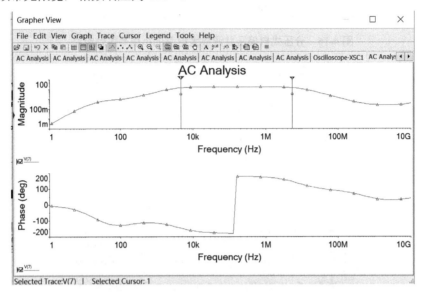

图 4-18　分压式自偏压共源放大电路及其小信号等效电路的频率响应曲线

■▪▪■ **特别提示**

由以上分析可知，晶体管放大电路比对应的场效应管放大电路（各偏置负载的电阻相等）的通频带宽，且中频增益大。放大电路的小信号等效电路是放大电路的理想线性等效电路。

（二）共基极放大电路和共栅极放大电路

1. 电路特点

输入信号与输出信号同相；增益 A_v 与共源（共发射极）放大电路相当；输入电阻小，与共漏极输出电阻相当；输出电阻与共源放大电路的输出电阻相当。

2. 电路仿真

在 Multisim 13 中，共基极放大电路如图 4-19 所示，用函数发生器为共基极放大电路提供正弦输入信号（幅值为 10mV，频率为 10kHz），通过示波器观察共基极放大电路的输入与输出波形，如图 4-20 所示。选用交流分析方法获得共基极放大电路的频率响应曲线及相关参数，如图 4-21 所示。

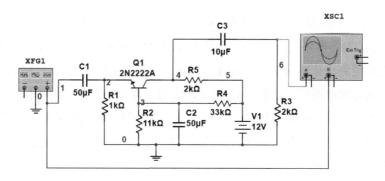

图 4-19　共基极放大电路

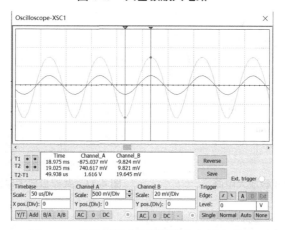

图 4-20　共基极放大电路的输入与输出波形

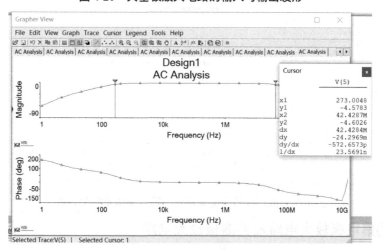

图 4-21　共基极放大电路的频率响应曲线及相关参数

在图 4-20 中，B 通道为输入信号，A 通道为输出信号，测得的放大倍数约为 75 倍，且输出电压与输入电压同相位，体现了共基极放大电路的特点。

由图 4-21 所示的共基极放大电路的频率响应曲线及相关参数可求得：电路的上限频率

约为 42.4287MHz，下限频率约为 273.0048Hz，通频带约为 42MHz。

在 Multisim 13 的电路窗口中创建如图 4-22 所示的共栅极放大电路，用函数发生器为共栅极放大电路提供正弦输入信号（幅值为 20mV，频率为 1kHz），通过示波器观察共栅极放大电路的输入与输出波形，如图 4-23 所示。选用交流分析方法获得共栅极放大电路的频率响应曲线及相关参数，如图 4-24 所示，可见，该电路的上限频率非常高，通频带非常宽。

在图 4-23 中，B 通道为输入信号，A 通道为输出信号，测得的放大倍数约为 60 倍，且输出电压与输入电压同相位。

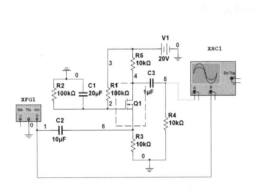

图 4-22　共栅极放大电路

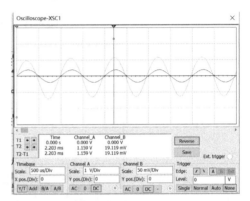

图 4-23　共栅极放大电路的输入与输出波形

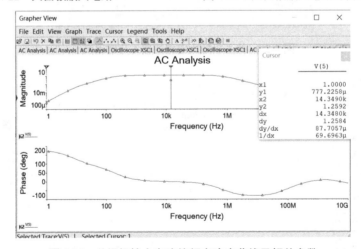

图 4-24　共栅极放大电路的频率响应曲线及相关参数

（三）共集电极放大电路及共漏极放大电路

1．电路特点

（1）输入与输出同相，增益 $A_v<1$，且晶体管的 A_v 更接近于 1。

（2）输入电阻大，且场效应管放大电路的输入电阻更大。

（3）输出电阻小，且晶体管放大电路的输出电阻更小。

2. 电路仿真

在 Multisim 13 中创建如图 4-25 所示的共集电极放大电路，用函数发生器为共集电极放大电路提供正弦输入信号（幅值为 1V，频率为 10kHz），通过示波器观察共集电极放大电路的输入与输出波形，如图 4-26 所示。选用交流分析方法获得共集电极放大电路的频率响应曲线及相关参数，如图 4-27 所示。

在图 4-26 中，A 通道为输入信号，B 通道为输出信号，测得的放大倍数接近于 1，且输出电压与输入电压同相位，体现了共集电极放大电路的特点。

由共集电极放大电路的频率响应曲线可以看出，该电路的上限频率非常高，约为 3.6275GHz，下限频率约为 101.9983Hz，通频带非常宽。

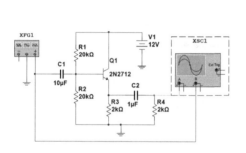

图 4-25　共集电极放大电路

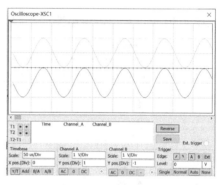

图 4-26　共集电极放大电路的输入与输出波形

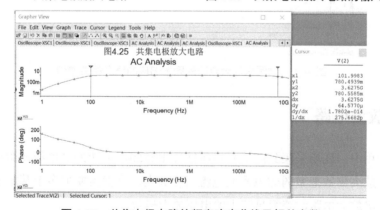

图 4-27　共集电极电路的频率响应曲线及相关参数

在 Multisim 13 的电路窗口中创建如图 4-28 所示的共漏极放大电路，用函数发生器为共漏级放大电路提供正弦输入信号（幅值为 1V，频率为 10kHz），通过示波器观察共漏极放大电路的输入与输出波形，如图 4-29 所示，选用交流分析方法获得该电路的频率响应曲线及相关参数，如图 4-30 所示。

在图 4-29 中，B 通道为输入信号，A 通道为输出信号，测得的放大倍数接近于 1，且输出电压与输入电压同相位，体现了共漏极放大电路的特点。

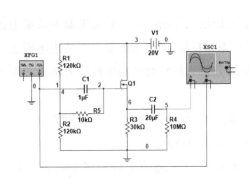

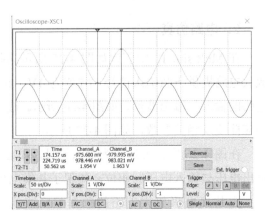

图 4-28 共漏极放大电路　　　　　　　图 4-29 共漏极放大电路的输入与输出波形

由图 4-30 可以看出，该电路的上限频率非常高，通频带非常宽。

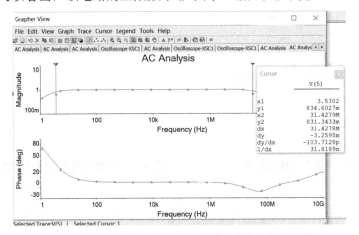

图 4-30 共漏极放大电路的频率响应曲线及相关参数

三、多级放大电路

在实际应用中，现场采集到的信号电压往往很微弱，可能为毫伏级或微伏级，需要用足够大的电压放大倍数把微弱的电压或电流信号放大，这就需要把多个基本放大电路组合起来，组成多级放大电路，获得足够大的电压放大倍数。

■■■ 特别提示

在多级放大电路中，每个基本放大电路的连接称为级间耦合。通常的耦合方式有阻容耦合、直接耦合和变压器耦合，其中，变压器耦合很少使用。直接耦合方式的优点是低频特性好，易于集成，但它有两个突出缺点：级间静态工作点相互影响；零点漂移问题严重。阻容耦合是使用最广泛的多级耦合方式，本节通过对采用阻容耦合方式的两级放大电路的仿真分析来说明该电路的特点。

（一）两个晶体管组成的放大电路

1. 阻容耦合方式的工作原理

首先建立如图 4-31 所示的两级放大电路，级间采用 RC 耦合方式。两级放大电路增大了放大倍数，但使通频带变窄了，本例通过仿真原理具体分析其通频带和放大倍数。

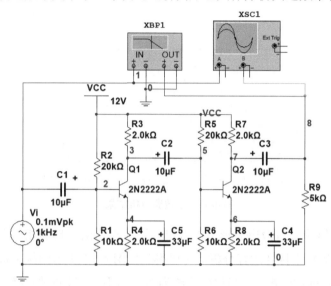

图 4-31　两级放大电路

2. 频率响应分析

在 Multisim 13 仿真平台上，其参数设置与波特图仪的参数设置一样，分别测出了第一级放大电路的幅频特性和两级放大电路的幅频特性，如图 4-32 所示。从图 4-32 的结果可以看出，第一级放大器的下限频率 $f_L = 218\text{Hz}$，上限频率 $f_H = 383\text{kHz}$；两级放大器的下限频率 $f_L = 396\text{Hz}$，$f_H = 383\text{kHz}$。因此尽管两级放大电路增大了放大倍数，但是它使通频带变窄了。

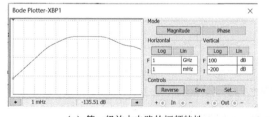
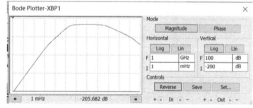

（a）第一级放大电路的幅频特性　　　　　（b）两级放大电路的幅频特性

图 4-32　波特图仪分析结果

3. 放大倍数分析

激活如图 4-31 所示的两级放大电路，双击示波器图标，得到了如图 4-33 所示的示波器分析结果,从图 4-33 中可以看出,输入电压为 0.1mV 时输出电压约为 505mV,约放大了 5050 倍,从对单管放大电路的分析可知,单管放大电路的放大倍数为 63,但两级耦合后并不是两级放大倍数直接相乘,而是略有降低。

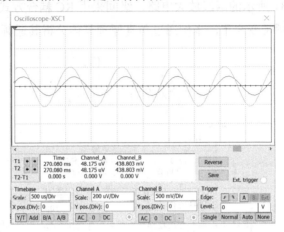

图 4-33 示波器分析结果

从图 4-33 中的输入与输出波形可以看出,输入与输出波形的相位有偏差,通过 AC Analysis 对该电路的频率特性进行分析,可以得到如图 4-34 所示的频率特性分析结果,在输入电压频率为 1kHz 的情况下,相位变化约为 28°,因此信号通过两级放大电路后相位会出现偏差。

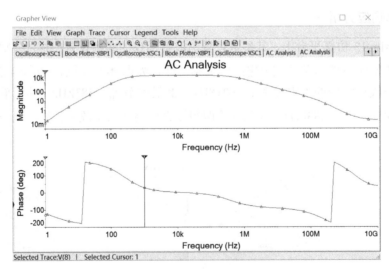

图 4-34 频率特性分析结果

4. 传递函数分析

传递函数分析可以分析一个源和两个节点间的输出电压或一个源与电流输出变量的直流小信号传递函数,也可以采用它来分析电路的输入和输出阻抗。此处用它来分析两级放大电路的输入和输出阻抗。本例设置输入信号电源为 Vi，设置节点 8 为输出节点，设置节点 0 为参考节点。

依次执行 Simulate→Analysis→Transfer Function 命令，按图 4-35 设置好输入源和输出节点，单击 Simulate 按钮，即可得到如图 4-36 所示的传递函数分析结果。

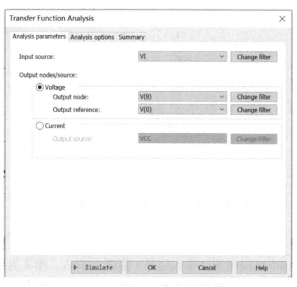

图 4-35　传递函数分析设置

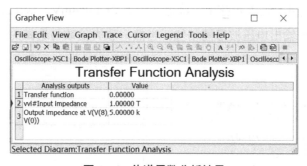

图 4-36　传递函数分析结果

（二）场效应管及晶体管组合放大电路

■■■ 特别提示

晶体管具有较强的放大能力和负载能力，而场效应管具有输入阻抗高、噪声低等显著特点，但放大能力较弱。如果将场效应管与晶体管组合使用，就可以提高和改善放大电路的某些性能指标。

由场效应管共源放大电路和晶体管共发射极放大电路可以组成两级组合放大电路，如图 4-37 所示，场效应管 Q1 选用 2N7000 型号，晶体管 Q2 选用 2N2222A 型号。下面对该电路进行仿真分析。

1. 静态分析

利用 Multisim 13 仿真软件对图 4-37 所示的场效应管和晶体管组合放大电路进行直流工作点分析，场效应管和晶体管组合放大电路的静态分析结果如图 4-38 所示。

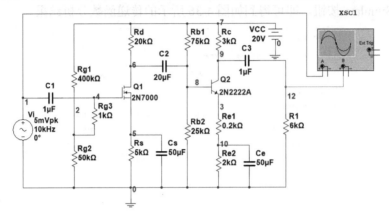

图 4-37　场效应管和晶体管组合放大电路

2. 动态分析

用函数发生器为该电路提供正弦输入信号（幅度为 5mV，频率为 10kHz），用示波器测得场效应管和晶体管组合放大电路的输入与输出电压波形，如图 4-39 所示。调整示波器面板的读数指针可以读到：输入正弦电压峰值（V_A）为 4.964mV，输出正弦电压峰值（V_B）为 1.070V，且输入与输出电压波形同相位。当然，放大倍数与选择的工作点有关。

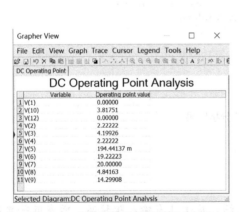

图 4-38　场效应管和晶体管组合放大电路的静态分析结果

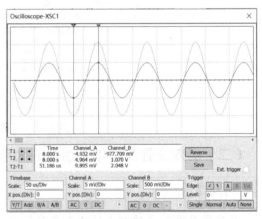

图 4-39　场效应管和晶体管组合放大电路的输入与输出电压波形

由以上数据可以求得该电路的总电压放大倍数 $A_v \approx 216$。

3. 频率特性分析

在交流分析对话框中设置扫描起始频率为 1Hz，终止频率为 1GHz，扫描方式为十倍程扫描，将节点 12 作为输出节点。场效应管与晶体管组合放大电路的幅频特性与相频特性曲线如图 4-40 所示。

该电路的上限频率为 68.4985kHz，下限频率为 139.3076Hz，通频带约为 68kHz。显然多级放大电路的通频带低于单级放大电路的通频带，但其增益高。

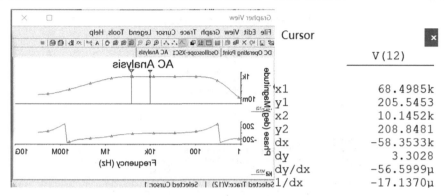

图 4-40 场效应管和晶体管组合放大电路的幅频特性与相频特性曲线

4．参数扫描分析

输入信号保持不变，执行 Simulate→Analyses→Parameter Sweep 命令，选择参数扫描分析。在参数扫描分析对话框中将扫描元件 Re1 的扫描起始值设置为 0.1kΩ，将终值设置为 0.3kΩ，扫描方式选择线性，步长增量为 0.1kΩ，输出节点为节点 12，扫描用于暂态分析，场效应管和晶体管组合放大电路的参数扫描结果如图 4-41 所示。

Re1 是影响组合放大电路放大倍数的关键元件，图 4-41 反映了 Re1 增大引起输出电压幅度减小的过程。因为输入电压的幅度保持不变，所以输出电压幅度的减小反映了电压放大倍数的降低。

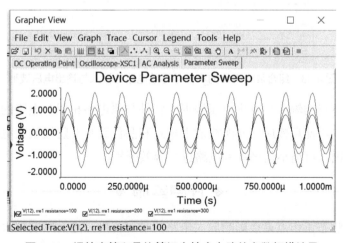

图 4-41 场效应管和晶体管组合放大电路的参数扫描结果

5. 组合放大电路的小信号等效电路

在 Multisim 13 的电路窗口中创建场效应管共源极放大电路和晶体管共发射极放大电路的组合放大电路的小信号等效电路，如图 4-42 所示，用示波器观察其输入与输出电压波形，如图 4-43 所示。

由示波器测得该组合放大电路的总增益为 $A_v \approx 192$。

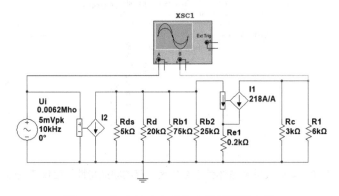

图 4-42 组合放大电路的小信号等效电路

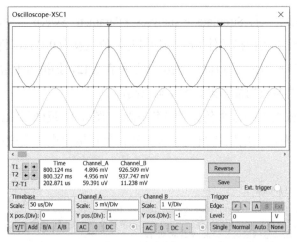

图 4-43 组合放大电路的小信号等效电路的输入与输出电压波形

小信号等效电路的输入与输出电压波形的特性与原电路相似，电路的总增益在误差允许的范围内相等，因此场效应管共源极放大电路和晶体管共发射极放大电路的组合放大电路在上述频率范围内可用小信号等效电路进行等效分析。

◆ 任务实施 ◆

放大电路的静态工作点直接影响放大电路的动态范围，进而影响放大电路的电流电压增益，以及输入和输出电阻等参数指标，因此要设计一个放大电路首先要设计合适的工作点。在 Multisim 13 用户界面中，创建如图 4-1 所示的电路，其性能指标的仿真如下所述。

（1）输入/输出波形。晶体管 VT 的型号为 2N2222A，信号源设置为 10mV（pk）/1kHz，调整变阻器 R3，通过示波器观察使放大电路的输入与输出波形不失真，如图 4-44 所示。为方便观察，将 B 通道的输出波形向下移 1 格，将 A 通道的输入波形向上移 1 格。

（2）直流工作点分析。在输出波形不失真的情况下，执行 Simulate→Analyses→DC Operating Point 命令，在 Output 选项卡中选择需仿真的变量，然后单击 Simulate 按钮，系统自动显示运行结果，如图 4-45 所示。

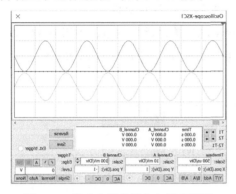

图 4-44　放大电路的输入与输出波形

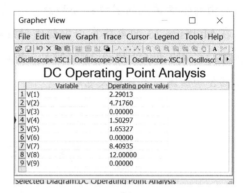

图 4-45　放大电路的静态工作点分析

（3）电路直流扫描。通过直流扫描分析可以观察电源电压对发射极的影响。在 Output 选项卡中选择需仿真的节点 5 和电源电压的变化范围，然后单击 Simulate 按钮，系统会自动显示运行结果，如图 4-46 所示。

（4）直流参数扫描。为选择合适的偏置电阻的阻值，可以使用直流参数扫描选择 R_b 的数值。首先选择工作点电压 U_{ceq} 对 R_b 进行扫描。对图 4-1 所示的电路，执行 Simulate→Analyses→Parameter Sweep 命令，可设置 R_3 的值从 9～200kΩ 变化，单击 More 设置 Analysis to 为 DC Operating Point，观察节点 5（发射极节点）和节点 7（集电极节点）随 R_3 的变化情况，当 R_3 从约 19kΩ 变至约 80kΩ 时，U_{ce}（$U_{ce} = U_{S7} - U_{S5}$）的相差较小，此时晶体管处于放大状态，直流参数扫描数据图如图 4-47 所示。

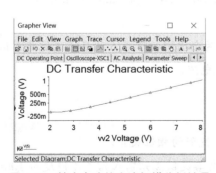

图 4-46　放大电路的直流扫描分析结果

图 4-47　直流参数扫描数据图

■■■ **拓展阅读**

差动放大电路与低频功率放大电路

一、差动放大电路

差动放大电路模拟的是集成电路中使用最广泛的单元电路，它几乎是所有模拟集成电路的输入级，决定着这些电路的差模输入特性、共模输入特性、输入失调特性和噪声特性。下面对由晶体管构成的射极耦合和恒流源差分放大电路进行仿真分析。

在 Multisim 13 的电路窗口中创建射极耦合和恒流源差分放大电路，如图 4-48 所示。晶体管 Q1、Q2 和 Q3 均为 2N2222A，电流放大系数 $\beta=200$，将开关 J1 与 R3 相连，构成射极耦合和恒流源差分放大电路。

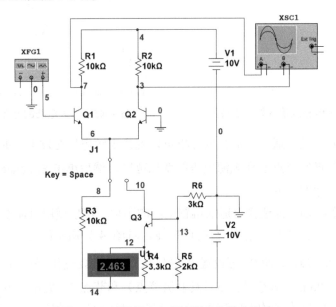

图 4-48　射极耦合和恒流源差分放大电路

（一）静态分析

在 Multisim 13 仿真软件中执行 Simulate→Analysis→DC Operating Point 命令，电路静态分析结果如图 4-49 所示。

从图 4-49（a）和图 4-49（b）中可以看出，这两个图中的节点 6 的直流电位非常接近，约为-600mV。因此可以求出 Q1 和 Q2 的射极直流电流。

（二）动态分析

1. 差模输入的仿真分析

（1）用示波器测量差模电压的放大倍数，观察波形的相位关系。

对于如图 4-48 所示的电路，用函数发生器为电路提供正弦输入信号（幅度为 10mV，频率为 1kHz），用示波器测得电路两输出端的波形，如图 4-50 所示。

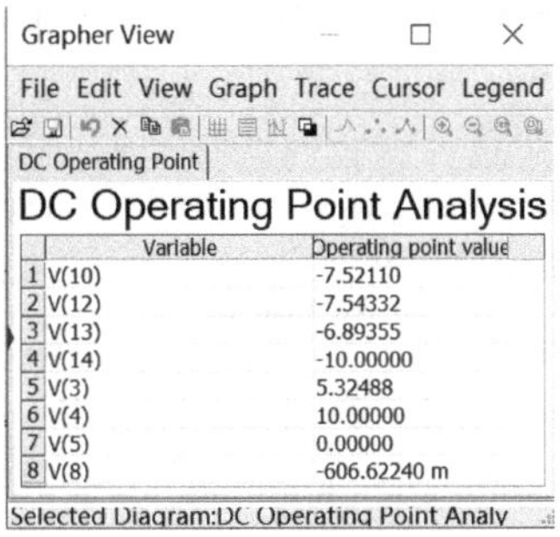

（a）开关 J1 接到节点 8 的静态分析结果 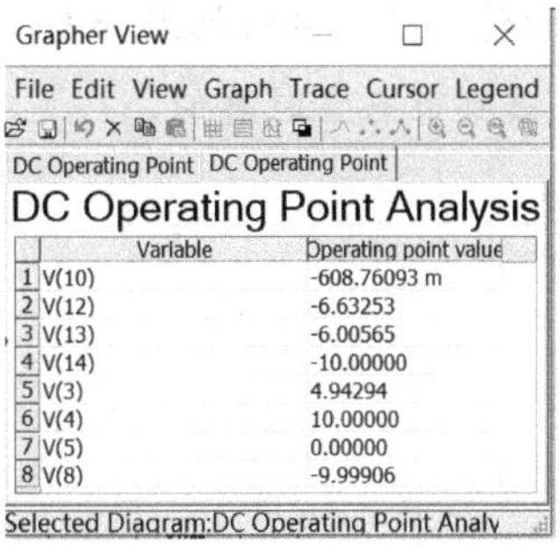　　　（b）开关 J1 接到节点 10 的静态分析结果

图 4-49　电路静态分析结果

当开关 J1 接到节点 8 时，调整示波器面板的读数指针可得：输出正弦电压峰值 V_{o1}（V_A）为 -846.251mV，V_{o2}（V_B）为 843.249mV，且输出差模波形 V_{o1} 与 V_{o2} 反相。当开关 J1 接到节点 10 时，调整示波器面板的读数指针可得：输出正弦电压峰值 V_{o1}（V_A）为 -910.983mV，V_{o2}（V_B）为 911.654mV，且输出差模波形 V_{o1} 与 V_{o2} 反相。

当开关 J1 接到节点 8 时，单端输入、单端输出的差模电压的放大倍数为

$$A_{VD1}=-V_{o1}/V_i=-846.251\text{mV}/10\text{mV}=-84.6$$

当开关 J1 接到节点 8 时，单端输入、双端输出的差模电压的放大倍数为

$$A_{VD}=-(V_{o1}-V_{o2})/V_i=-(846.251+843.249)\text{mV}/10\text{mV}\approx-169$$

当开关 J1 接到节点 10 时，单端输入、单端输出的差模电压的放大倍数为

$$A_{VD1}=-V_{o1}/V_i=-910.983\text{mV}/10\text{mV}=-91.1$$

当开关 J1 接到节点 10 时，单端输入、双端输出的差模电压的放大倍数为

$$A_{VD}=-(V_{o1}-V_{o2})/V_i=-(910.983+911.654)\text{mV}/10\text{mV}\approx-182$$

（2）差模输入的频率响应分析。

执行 Simulate→Analysis→AC Analysis 命令，在交流分析对话框中设置扫描起始频率为 1Hz，终止频率为 10GHz，设置扫描形式为十进制，设置节点 3 为输出节点。当开关 J1 接到节点 8 时，差模输入的频率响应分析结果如图 4-51 所示。当开关 J1 接到节点 10 时，差模输入的频率响应分析结果与开关 J1 接到节点 8 时类似。

观察射极耦合和恒流源差分放大电路的频率响应曲线可得：电路的下限频率为 0Hz（这是直流放大电路的特征），上限频率为 4.57MHz，通频带为 4.57MHz。

（3）差模输入的传递函数分析。

执行 Simulate→Analyses→Transfer Function 命令，进行传递函数分析。（事先将函数信号发生器转换为交流电源 V3）在传递函数分析设置参数对话框中选择输入源为 V3，选择输出端为节点 7（V_{o1}）。当开关 J1 接到节点 7 时，单击 Simulate 按钮，输出端为节点 7 的

传递函数分析结果如图 4-52（a）所示。将输出端改为节点 3（V_{o2}），再次仿真得到输出端为节点 3 的传递函数分析结果如图 4-52（b）所示。当开关 J1 接到节点 10 时，其分析结果与开关 J1 接到节点 7 时类似。

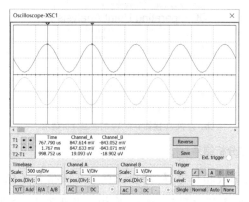

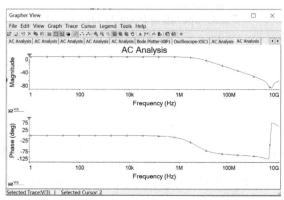

图 4-50　射级耦合和恒流源差分放大电路
两输出端的波形

图 4-51　差模输入的频率响应分析结果

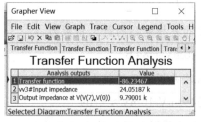

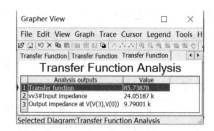

（a）输出端为节点 7 的传递函数分析结果

（b）输出端为节点 3（V_{o2}）的传递函数分析结果

图 4-52　不同的节点输出端产生不同的仿真分析结果

观察两次仿真分析结果可得差模输入和单端输出差模电压的放大倍数，$A_{VD1}=V_{o1}/V_i=-86.23467$，$A_{VD2}=V_{o2}/V_i=85.73878$；输出端为节点 3（$V_{o2}$）的差模输入电阻 $R_{id}=24.05187\text{k}\Omega$；单端输出电阻 $R_o=9.79001\text{k}\Omega$；输出端为节点 7（$V_{o1}$）的差模输入电阻 $R_{id}=24.05187\text{k}\Omega$；单端输出电阻 $R_o=9.79001\text{k}\Omega$。

2．共模输入的仿真分析

在 Multisim 13 的电路窗口中创建如图 4-53 所示的射极耦合和恒流源差分放大电路（共模输入），用函数发生器为电路提供正弦输入信号（幅度为 10mV，频率为 1kHz）。用示波器观察两输出端的电压波形。

开关 J1 接到节点 8 时共模输入仿真电路的输出波形如图 4-54 所示。调整示波器面板的读数指针可得：输出电压的相位相同。说明该差动放大电路左右两侧的元件参数的对称性好。

单端输出共模电压的放大倍数：$A_{vc1}=-V_{o1}/V_i=-4.927\text{mV}/10\text{mV}=-0.493$。

单端输出共模抑制比：$KCMR=84.6/0.493\approx171.6$。

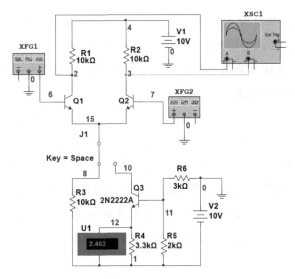

图 4-53　射极耦合差分放大电路（共模输入）

开关 J1 接到节点 10 时共模输入仿真电路的输出波形如图 4-55 所示。调整示波器面板的读数指针可以读出：输出正弦电压峰值 V_{o1}（V_A）与 V_{o2}（V_B）相同，均为 3.272μV，且输出电压的相位相同。说明该差动放大电路左右两侧元件的参数对称性好。

单端输出共模电压放大倍数：$A_{VC1}=-V_{o1}/V_i=3.272μV/10mV≈0.000327$。

单端输出共模抑制比：KCMR=91.1/0.000327≈278593。

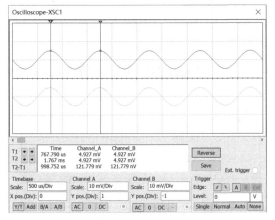
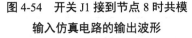

图 4-54　开关 J1 接到节点 8 时共模
输入仿真电路的输出波形

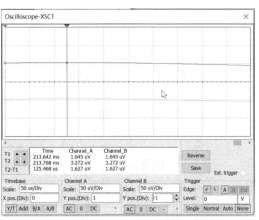

图 4-55　开关 J1 接到节点 10 时
共模输入仿真电路的输出波形

二、低频功率放大电路

1. B 类放大电路的原理

B 类放大电路如图 4-56 所示，它由一只 NPN 晶体三极管和一只 PNP 晶体三极管组成。当输入交流信号为 0 时，NPN 和 PNP 晶体三极管的发射极都没有电流，而当输入交流信号在正半周时，NPN 晶体三极管发射极产生电流；当输入交流信号在负半周时，PNP 晶体三极管发射极产生电流，因此电路的效率很高，可以达到 78% 左右。但该类放大电路存在交越失真，图 4-57 所示为 B 类放大电路输入信号与输出信号之间的关系。

2. OTL 低频功率放大电路

图 4-58 所示为 OTL 低频功率放大电路。其中，晶体三极管 Q1 组成推动级，Q2 和 Q3 组成互补推挽式 OTL 功率放大电路。将每个管子都接成射极输出的形式，因此该电路具有输出电阻低、负载能力强等优点，适合作为功率输出级。Q1 工作于 A 类状态，它的集电极电流 I_{C1} 由 R2 调节，I_{C1} 的一部分流经电位器 R9 及二极管 D1，可以使 Q2、Q3 得到合适的静态电流而工作于 AB 类状态，以克服交越失真。C3 和 R 构成自举电路，用于提高输出电压正半周的幅度，扩大动态范围。图 4-59 所示为 OTL 低频功率放大电路的输入与输出波形。

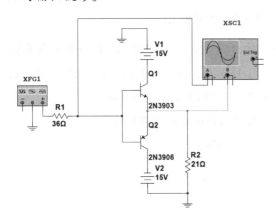

图 4-56　B 类放大电路

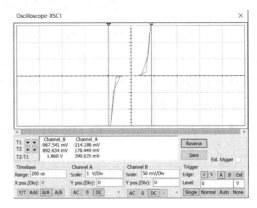

图 4-57　B 类放大电路输入信号与输出信号之间的关系

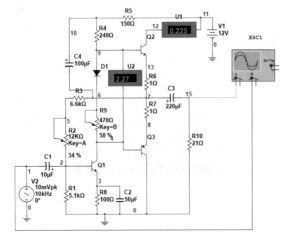

图 4-58　OTL 低频功率放大电路

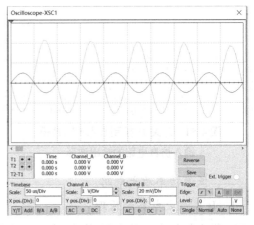

图 4-59　OTL 低频功率放大电路的输入与输出波形

思考与练习

1. 在 Multisim 13 的电路窗口中创建如图 4-60 所示的晶体管放大电路，设 V_{cc}=12V，R_1=240kΩ，R_2=3kΩ，晶体管选择 2N2222A 型号。

（1）用万用表测量静态工作点。

（2）用示波器观察输入与输出波形。

2. 如果在图 4-60 中改变 R_2，使 R_2=100kΩ，其他条件不变，用万用表测量各静态工作点，并观察其输入与输出波形的变化。

3. 在 Multisim 13 仿真软件中创建如图 4-61 所示的分压式偏置电路，调节合适的静态工作点，使输出波形最大不失真。

（1）测量各静态工作点。

（2）测量输入电阻和输出电阻。

（3）改变电位器的大小，观察静态工作点的变化，并用示波器观察输出波形是否失真。

4. （1）对于如图 4-61 所示的分压式偏置电路，用示波器观察接上负载和负载开路对其输出波形的影响。

（2）学会在电路中连接波特图仪。

（3）测量放大电路的幅频特性和相频特性。

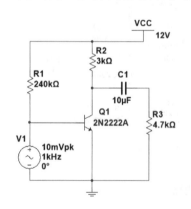

图 4-60　晶体管放大电路

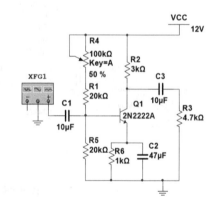

图 4-61　分压式偏置电路

5. 对如图 4-62 所示的两级直接耦合放大电路进行分析，分析其静态工作点、温度特性和频率特性，并与阻容耦合放大电路的结果进行对比。

6. 采用不同的输入/输出方式对如图 4-63 所示的差动放大电路进行瞬态分析（Transient Analysis）和交流分析（AC Analysis），并使用后处理器直接测量 U_o 的波形，分析不同输入/输出方式对波形的影响。

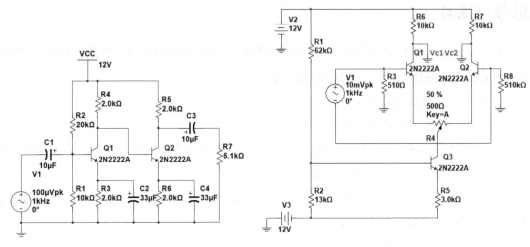

图 4-62 两级直接耦合放大电路   图 4-63 差动放大电路

7．两级放大电路如图 4-64 所示，在输出波形不失真的情况下：

（1）分别测出两级放大电路的静态工作点。

（2）用示波器观察两级放大电路输出电压的大小。

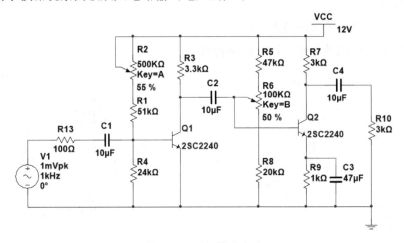

图 4-64 两级放大电路

8．图 4-65 所示为共射—共基混合放大电路，计算 $A_S = U_O/U_S$ 的中频电压放大倍数和上截止频率，晶体管参数 $\beta = 80$，$\gamma_{bb} = 50\Omega$，$f_T = 300MHz$，$C_{jc} = 3pF$。观察共发射极输出端的频率特性。

9．图 4-66 所示为差动放大电路，晶体管参数为 $\beta_1 = \beta_2 = 50$，$\gamma_{bb'1} = \gamma_{bb'2} = 300\Omega$，$C_{jc1} = C_{jc2} = 2pF$，$f_{T1} = f_{T2} = 300MHz$，$U_{AF1} = U_{AF2} = 50V$。

（1）试对该电路进行直流分析，求直流工作点。

（2）求单端输入、双端输出时的差模电压放大倍数 A_d 和上截止频率。

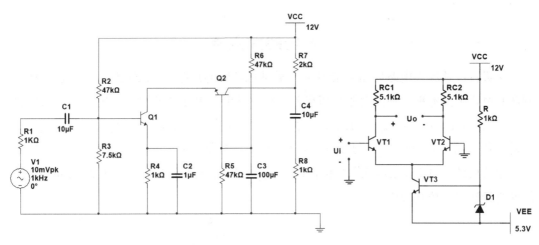

图 4-65 共射—共基混合放大电路　　　　图 4-66 差动放大电路

（3）求单端输入、单端输出时的差模电压放大倍数 $A_{d1}=U_{o1}/U_i$、$A_{d2}=U_{o2}/U_i$，以及上截止频率。

（4）求单端输入时放大器输入阻抗的幅频特性。

（5）若将电路改为双端输入，即将 VT2 基极接信号源 U_{i2}，且 $U_{i1}=-U_{i2}$，再求单端输出时差模电压的放大倍数和上截止频率。

（6）求双端输入时差模输入阻抗的幅频特性。

（7）设 $U_{i1}=U_{i2}=U_i$（共模输入），求 $A_{c1}=U_{o1}/U_i$、$A_{c2}=U_{o2}/U_i$ 及 $A_c=(U_{o1}-U_{o2})/U_i$ 的幅频特性。

 # 任务 4.2　反馈放大电路的仿真设计

教学目标

（1）熟悉 Multisim 13 软件的使用方法。

（2）掌握负反馈放大电路对放大器性能的影响。

（3）学习负反馈放大器的静态工作点、电压放大倍数、输入电阻、输出电阻的开环和闭环仿真方法。

（4）学习 Multisim13 的交流分析。

（5）学会开关元件的使用。

单级负反馈放大电路如图 4-67 所示。若从晶体管 Q1 的集电极输出，输出电压为 U_{o1}，则此时电路中发射极对地的总阻抗所引入的反馈是电流串联负反馈；若从晶体管 Q1 的发射极输出，输出电压为 U_{O2}，则该反馈为电压串联负反馈。当 $R_c=R_e$，$R_{L1}=R_{L2}$ 时，$U_{o1} \approx U_{o2}$。但是当负载电阻 R_{L1} 或 R_{L2} 单独变化时，U_{o1} 和 U_{o2} 的变化及其变化量是不同的。这是因为同一个负反馈，对 U_{o1} 是电流负反馈，而对 U_{o2} 则是电压负反馈。试利用 Multisim 13 仿真软件进行计算机仿真分析。

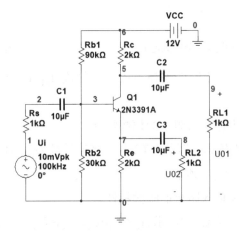

图 4-67　单级负反馈放大电路

本任务用到的虚拟仪器有双踪示波器、信号发生器、交流毫伏表、数字万用表。

反馈电路分为正反馈电路和负反馈电路，正反馈电路多应用在电子振荡电路中，而负反馈电路则多应用在各高频放大电路和低频放大电路中。在放大电路中，广泛地引入负反馈主要是为了提高放大器的质量指标，如稳定直流工作点、稳定放大量、减小非线性失真、扩展放大器的通频带等。负反馈对放大器性能的主要影响如下所述。

一、负反馈能提高放大器增益的稳定性

一般放大电路增益 $\dot{A} = \dfrac{\dot{U}_O}{\dot{U}_i} \propto R_L$，当负载电阻变化时，放大倍数也会发生变化，从而造成增益不稳定的情况。若加入电压负反馈，则可以减小由于负载电阻变化造成的输出电压

的变化，即稳定输出电压，或者说提高电压放大倍数的稳定性。但考虑到当内阻为有限值时，电压负反馈反而增加了由于负载变化而造成的输出电流的变化，即使电流放大倍数更加不稳定。同样，电流负反馈可以减小由于负载变化造成的输出电流的变化，即提高了电流放大倍数的稳定性，却加剧了由于负载变化而造成的输出电压的变化。

二、负反馈能扩展放大器的通频带

负反馈能扩展放大器的通频带，当电路引入负反馈后，在放大倍数随频率升高而减小的同时，负反馈使其向相反的方向变化，变化的结果是通频带变宽。

在 Multisim 13 的电路窗口中创建如图 4-68 所示的电流串联负反馈放大电路，当开关 J1 闭合时，电路处于无反馈状态，此时对电路进行交流分析，得到放大器的电压放大倍数 $A(\omega)$ 的幅频特性曲线，如图 4-69 所示。

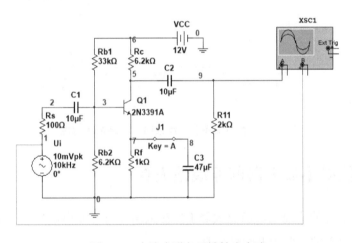

图 4-68　电流串联负反馈放大电路

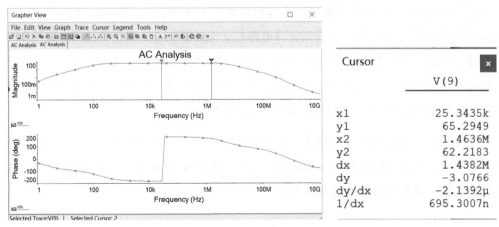

图 4-69　未加电流串联负反馈时的幅频特性曲线

由图 4-69 可以读出，幅频增益 $A(0)=65.2949$，上截止频率 $f_{\mathrm{H}}=1.4636\mathrm{MHz}$。

当开关 J1 打开时，重复上面的分析，再观察有电流串联负反馈时放大器的电压放大倍数 $A(\omega)$ 的幅频特性曲线，如图 4-70 所示。

由图 4-70 可读出，幅频增益 $A(0)=1.4457$，上截止频率 $f_{\mathrm{H}}(\omega)$ 约为 49.0518MHz。由此可见，当放大器加入负反馈后，电压放大倍数的上截止频率均提高了，但它们的中频增益均降低了。因此，负反馈法提高放大器的上截止频率是以牺牲中频增益为代价的。

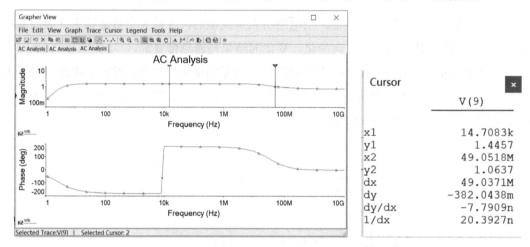

图 4-70　有电流串联负反馈时的电路幅频特性

三、负反馈能减小放大器的非线性失真

由于半导体器件的非线性，当放大器工作在大信号时，输出信号会产生非线性失真。引入负反馈可以改善放大器的非线性失真。

通过 Multisim 13 仿真软件提供的示波器观察如图 4-68 所示的电流串联反馈放大电路的输入和输出波形。当开关 J1 闭合时，该电路处于无反馈状态，观察其波形，如图 4-71 所示。A 通道的输出波形有下尖上凸的现象，这是电路产生非线性失真的缘故。

执行 Simulate→Analyses→Fourier Analysis 命令，进行傅里叶分析，可以测量电路的非线性失真。该电路此时的非线性失真系数 $\gamma_{\mathrm{(THD)}}=8.18\%$。

打开开关 J1，此时电路变为电流串联负反馈放大电路，再重复上述测试。放大器的直流工作点不变，观察此时的输入和输出电压波形，如图 4-72 所示，由图 4-72 中 A 通道的输出波形可见，波形的非线性失真减小了。

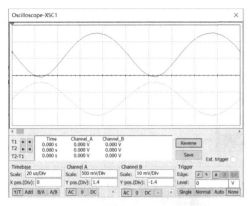

图 4-71　无反馈时输入和输出电压波形

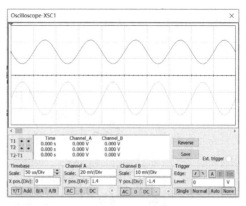

图 4-72　有反馈时输入和输出电压波形

■■■ **特别提示**

打开开关 J1 后，非线性失真系数 $\gamma_{(THD)}$=0.004% 。由此说明，引入负反馈减小了放大器输出波形的非线性失真系数。

四、负反馈能提高放大器的信噪比

负反馈对原输入信号的信噪比无改善作用，加负反馈是为了抑制放大器内部的噪声，增加有用信号的比率，从而提高输出端的信噪比，相对于放大器内部噪声起抑制作用，但对放大器输入噪声无任何改善作用。

由分析结果可知，有负反馈时电路的噪声系数小于无负反馈时电路的噪声系数，显然有负反馈时的电路对噪声的抑制能力更强。

五、负反馈对放大器的输入、输出电阻的影响

串联负反馈（无论是电压负反馈还是电流负反馈）使输入电阻增加；并联负反馈（无论是电压负反馈还是电流负反馈）使输入电阻减小；电压负反馈（无论输入端是串联还是并联）使输出电阻减小；电流负反馈（无论输入端是串联还是并联）使输出电阻增大。

在图 4-68 所示的电流串联负反馈放大电路的输入回路中分别接入电压表和电流表（设置为交流），闭合开关 J1，测得电流串联负反馈放大电路在没有反馈时的输入电阻为 $R_i=U_i/I_i$=3.20kΩ。然后打开开关 J1，测得电流串联负反馈放大电路在有反馈时的输入电阻为 $R_{if}=U_i/I_i$ =5.15kΩ。由测试结果可以发现：串联负反馈使输入电阻增加。

断开负载，在输出端接入一个 10mV/10kHz 的正弦信号源，同时在输出端接入电流表，且使输入回路中的信号源短路，如图 4-73 所示。闭合开关 J1，测得无反馈时输出回路中的电压和电流，则 $R_o=U_o/I_o$=5.21kΩ。然后打开开关 J1，测量有反馈时输出回路中的电压和电

流，则输出电阻 $R_o=U_o/I_o=6.18\text{k}\Omega$。由测试结果可以发现：电流负反馈将使放大器的输出电阻增大。

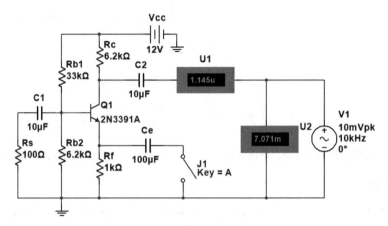

图 4-73　输出电阻的测试

◆ **任务实施** ◆

（1）若 $R_c=R_{L1}=2\text{k}\Omega$，$R_e=R_{L2}=2\text{k}\Omega$，加入 $U_i=10\text{mV}$、频率为 10kHz 的信号，对如图 4-67 所示的单级负载反馈放大电路进行交流分析，如图 4-74 所示。单击 按钮，可测得放大器的两输出端的中频响应增益分别为 930.2070m 和 932.6220m，则中频输出电压 U_{o1} 和 U_{o2} 分别为 $U_{o1}=930.21\text{mV}$，$U_{o2}=932.62\text{mV}$，可见，$U_{o1} \approx U_{o2}$。

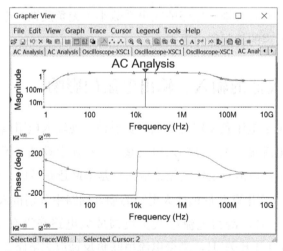

图 4-74　单级负反馈放大电路的频率响应

（2）若 $R_c=R_e=2\text{k}\Omega$，$R_{L1}=1\text{k}\Omega$（减小 R_{L1}），$R_{L2}=2\text{k}\Omega$，对单级负反馈放大器进行频率响应分析，以 U_{o1} 为输出的频率响应发生较大变化，而以 U_{o2} 为输出的频率响应几乎不变，如图 4-75 所示。

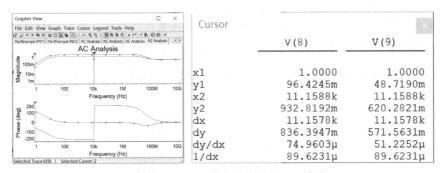

图 4-75　R_{L1} 减小时电路输出的频率响应

由分析结果可得

$$U_{o1}=620.2821\text{mV}$$

$$U_{o2}=932.8192\text{mV}$$

可见，负载电阻减小，输出电压 U_{o1} 明显减小，但 U_{o2} 未见变化，这是因为反馈对 U_{o1} 是电流负反馈，而对 U_{o2} 是电压负反馈。

（3）若 $R_c=R_e=2\text{k}\Omega$，$R_{L2}=1\text{k}\Omega$（减小 R_{L2}），$R_{L1}=2\text{k}\Omega$，对电路进行动态分析，如图 4-76 所示。由分析结果可得：

$$U_{o1}=1.3779\text{V}$$

$$U_{o2}=920.9725\text{mV}$$

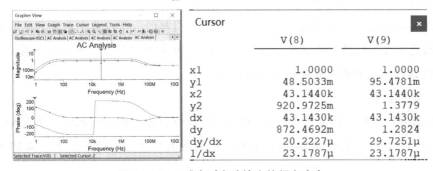

图 4-76　R_{L2} 减小时电路输出的频率响应

可见，对 U_{o2} 来说，负载电阻减小，输出电压减小，因为有电压负反馈，所以输出电压减小的量并不大。但是集电极电流却增大了很多，使 U_{o1} 增大的量较大，这是由电流负反馈减小导致的。此案例说明，当负载变化时，电压负反馈虽然提高了电压放大倍数的稳定性，但是使电流放大倍数的稳定性降低；而电流负反馈的情况与此相反。

■◆■ **拓展阅读**

直流电流负反馈电路和交流电压负反馈电路

图 4-77 所示的负反馈放大电路是一种最基本的负反馈放大电路，这个电路看上去很简

单，但其实其中包含了直流电流负反馈电路和交流电压负反馈电路。其中，R1 和 R2 为晶体管 Q1 的直流偏置电阻，R3 是放大器的负载电阻，R5 是直流电流的负反馈电阻，C2 和 R4 组成的支路是交流电压负反馈支路，C3 是交流旁路电容，它可以防止交流电流负反馈产生。

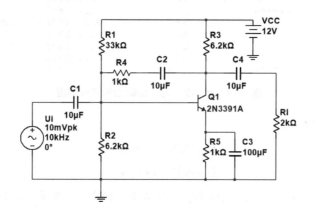

图 4-77　负反馈放大电路

一、直流电流负反馈电路

1．理论分析

晶体管 Q1 的 b、e 间的电压 $U_{be}=U_b-U_e=U_b-I_e\times R_5$。当某种原因（如温度变化）引起 I_c 增大时会导致 U_e 增大，使 Q1 的基-发极的电压 $U_{be}=U_b-U_e=U_b-I_e\times R_5$ 减小，使 I_e 减小，从而使直流工作点稳定。这个负反馈过程是由 I_e 增大引起的，所以属于电流负反馈电路。其中，发射极电容 C3 提供交流通路，如果没有 C3，放大器工作时交流信号会因 R5 的存在而形成负反馈作用，使放大器的放大倍数降低。

2．计算机仿真

在 Multisim 13 的电路窗口中创建如图 4-77 所示的负反馈放大电路，在输入信号不变的情况下用示波器分别观察电路在 C3 开路前后的输出波形，如图 4-78 和图 4-79 所示。

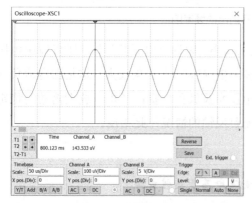

图 4-78　C3 开路（有直流反馈）时的输出波形

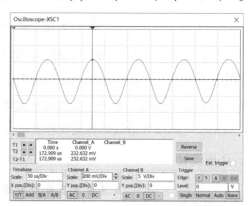

图 4-79　C3 正常（无直流反馈）时的输出波形

比较图 4-78 和图 4-79 可知，在输入信号不变的情况下，在 C3 断开时，输出电压明显减小，电路的增益明显减小，即电路的放大倍数明显减小。

当输入的交流信号幅度过大时，如果 C3 不断开，放大器就会进入饱和或截止状态，使输出信号出现削波失真，如图 4-80 和图 4-81 所示。由图 4-80 和图 4-81 的结果可知，引入负反馈使交流信号的幅值受到了限制，从而避免了失真的产生，仿真结果与理论分析基本一致。

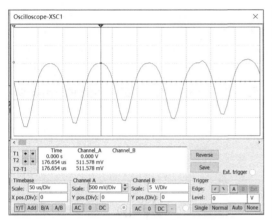

图 4-80　无反馈时增大输入信号幅度时的输出波形（产生削顶失真）　　图 4-81　有反馈时增大输入信号幅度时的输出波形

二、交流电压负反馈电路

1．理论分析

交流电压负反馈支路由 C2 和 R4 组成，输出电压经过这条支路反馈到输入端。由于放大器的输出信号电压与输入信号电压在相位上互为反相，所以是电压负反馈电路。由于负反馈削弱了原输入信号的作用，使放大器的放大系数大大减小。R4 控制着负反馈的大小，C2 起隔直流、通交流的作用。当输入的交流信号幅度过大时，如果没有 C2 和 R4 的负反馈支路，放大器就会进入饱和或截止状态，使输出信号出现削波失真。引入负反馈使交流信号的幅值受到了限制，从而避免了失真的产生。

2．计算机仿真

在 Multisim 13 的电路窗口中创建如图 4-77 所示的负反馈放大电路，在输入信号不变的情况下分别对电路在 C2 开路前后进行瞬态分析，观察电路的输出波形，分别如图 4-82 和图 4-83 所示。

由此可知，在输入信号不变的情况下，当 C2 正常时，电路引入负反馈时输出电压明显减小，输出波形的失真也明显减小，仿真结果与理论分析一致。

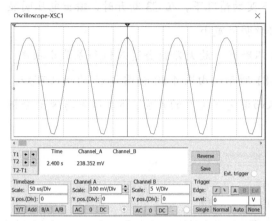

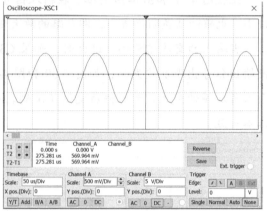

图 4-82　C2 正常（有反馈）时电路的输出波形　　图 4-83　C2 开路（无反馈）时电路的输出波形

思考与练习

两级负反馈放大电路如图 4-84 所示。

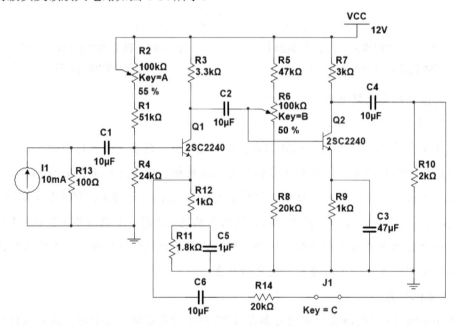

图 4-84　两级负反馈放大电路

（1）将负反馈支路开关 J1 断开，增大输入信号使输出波形失真；然后将负反馈支路开关 J1 闭合，观察负反馈对放大电路失真的改善作用。

（2）接波特图仪，观察有负反馈和无负反馈时放大电路的幅频特性和相频特性。

任务 4.3　集成运算放大器的仿真设计

教学目标

（1）熟悉 Multisim 13 软件的使用方法。

（2）掌握集成运算放大器的主要性能。

（3）学习反相比例运算电路和同相比例运算电路的主要性能。

（4）学习 Multisim 13 的交流分析。

◆ 任务引入 ◆

试对如图 4-85 所示的简单集成运算放大器电路进行静态分析和动态分析，并对仿真分析结果和理论结果进行比较。

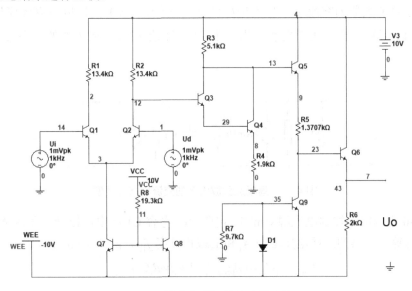

图 4-85　简单集成运算放大器电路

◆ 任务分析 ◆

本任务用到的虚拟仪器有双踪示波器、信号发生器、交流毫伏表、数字万用表。

◆ 相关知识 ◆

集成运算放大器是一种高电压增益、高输入电阻和低输出电阻的多级直接耦合放大电路，其类型很多，电路也不尽相同，但在电路结构上有共同之处。一般可分为 3 部分，即差动输入级、电压放大级和输出级。

差动输入级一般是由晶体管或场效应管组成的差动式放大电路，利用差动电路的对称性可以提高整个电路的共模抑制比和其他性能指标，它的两输入端构成整个电路的反相输入端和同相输入端。电压放大级的主要作用是提高电压放大倍数，它可由一级或多级放大电路组成。输出级一般由射极跟随器或互补射极跟随器组成，其主要作用是提高输出功率。

集成运算放大器一般由多个晶体管单元电路组成。当分析集成运算放大器的线性运算电路时，使用原电路会使运算时间加长，占用大量计算机内存，甚至会加大计算机运算造成的累积误差，使仿真结果与实际结果的误差较大，从而不能通过仿真说明集成运算放大器的具体应用。用集成运算放大器的宏模型代替其实际电路组成集成运算放大器，可以快速、直接仿真。所谓宏模型，即能反映集成运算放大器的某些参数的等效电路。

一、集成运算放大器的交流小信号模型理论分析

集成运算放大器的交流小信号模型如图 4-86 所示。它不仅模拟集成运算放大器的差模输入电阻、开环差模电压增益和输出电阻，还模拟集成运算放大器的开环带宽（上截止频率）。

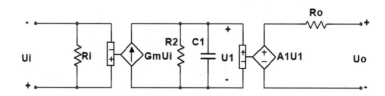

图 4-86 集成运算放大器的交流小信号模型

图 4-86 中用电压控制电流源 GmUi、电阻 Ri、电容 C1 和电压控制电压源 A1U1，从而模拟集成运算放大器的开环电压增益 A_o 和上截止频率 f_H。由图 4-86 可知：

$$U_o = A_1U_1 = [A_1g_mR_1/(1+jwR_1C_1)]U_1$$

令

$$A_o = A_1g_mR_1$$
$$f_H = 1/2\pi R_1C_1$$

则

$$A_{(\omega)} = U_o/U_i = A_o/(1+j\omega/\omega_h)$$

其中，$A_o = A_1g_mR_1$ 是集成运算放大器的零频开环差模电压增益，$f_H = \omega_H/2\pi$ 是集成运算放大器的开环带宽。

　　根据集成运算放大器的指标可以构造其交流线性模型的参数。例如，μA741 的指标为 $A_0=200000$，$R_i=2M\Omega$，$R_0=75\Omega$，$f_H=7Hz$。需求出模型的 4 个待定参数：g_m、R_i、C_1、A_1，而决定这 4 个参数的已知参数只有 f_H 和 A_0。因此，参数的选取并不唯一，可以选取 R_i 和 g_m 的值，再求出 C_1 和 A_1 的值。选取参数的原则：①取值方便；②不会因取值太大或太小而引入较大的运算误差。

　　例如，取 $R_i=10k\Omega$，$g_m=0.1S$；由 $f_H=1/2\pi R_i C_1=7Hz$，$A_0=A_1g_mR_i=2\times10^5$ 可得

$$C_1=2.27\mu F，A_1=200$$

　　在图 4-80 中，$R_i=2M\Omega$，$R_0=75\Omega$，即模型中的参数均有确定值。

二、计算机仿真

　　利用 Multisim 13 仿真软件可验证上述结论。

　　在 Multisim 13 的电路窗口中创建由集成运算放大器 μA741 组成的同相输入放大器（见图 4-87）及由 μA741 交流小信号模型组成的同相输入放大器（见图 4-88），其中的模型参数由前面的推算可知。分别对由 μA741 组成的同相输入放大器及由 μA741 交流小信号模型组成的同相输入放大器进行交流分析，如图 4-89 和图 4-90 所示。

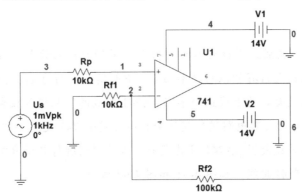

图 4-87　集成运算放大器 μA741 组成的同相输入放大器

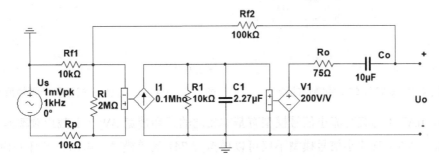

图 4-88　μA741 交流小信号模型组成的同相输入放大器

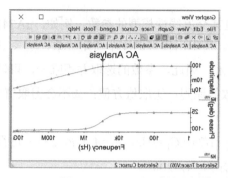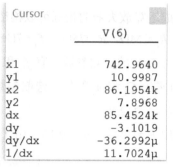

图 4-89 μA741 组成的同相输入放大器的交流分析结果

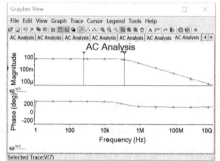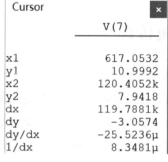

图 4-90 μA741 交流小信号模型组成的同相输入放大器的交流分析结果

■■ **特别提示**

由分析结果可知，集成运算放大器 μA741 组成的同相输入放大器与μA741 交流小信号模型组成的同相输入放大器有相似的频率响应，中频增益均约为 11。但μA741 交流小信号模型组成的同相输入放大器的上截止频率比 μA741 组成的同相输入放大器高，即通频带宽更宽。显然对集成运算放大器电路进行交流分析时可用μA741 交流小信号模型代替μA741。

若对单个集成运算放大器 μA741 及其交流小信号模型进行频谱分析，用波特图仪可观察到它们的闭环幅频特性曲线，如图 4-91 和图 4-92 所示。

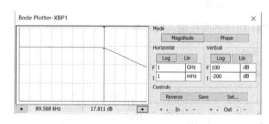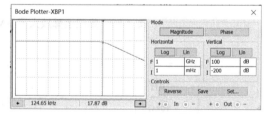

图 4-91 μA741 的幅频特性曲线　　　图 4-92 μA741 交流小信号模型的幅频特性曲线

显然，μA741 与其交流小信号模型有基本相同的开环带宽 BW（上截止频率）。

因此，μA741 交流小信号模型不仅可以模拟μA741 的差模输入电阻、开环差模电压增益和输出电阻，还可以模拟μA741 的开环带宽 BW（上截止频率）。

◆ **任务实施** ◆

在 Multisim 13 的电路窗口中创建如图 4-85 所示的简单集成运算放大器电路。其中，所有 BJT 的型号均为 2N2222A。

一、静态分析

假设输入信号电压为零（两输入端接地），进行直流工作点分析，获得分析结果，观察输出端（节点 7）的直流电位是否为零，若不为零，则调整 R5 的阻值，使输出端电位为零，得到简单集成运算放大器静态分析结果，如图 4-93 所示。

由仿真分析结果可得，各静态参数如下。

$$I_{C1} \approx I_{C2} = (10-2.80559)/13.4 \approx 0.5\text{mA}$$

$$I_{C7} = 2I_{C1} \approx 1\text{mA}$$

$$I_{e5} = (4.72199-0.66816488)/1.371 \approx 2.9\text{mA}$$

$$U_{ce1} = U_{ce2} = 3.4\text{V}, \quad U_{ce4} = 3.7\text{V}, \quad U_{ce6} = 10\text{V}$$

仿真分析结果在误差允许范围内与理论分析一致。

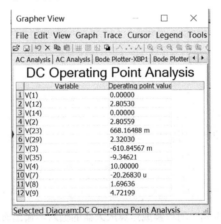

图 4-93　简单集成运算放大器静态分析结果

二、动态分析

（1）同相输入方式下的传递函数分析。执行 Simulate→Analyses→Transfer Function 命令，在传递函数分析对话框中设置输入源为 Vi（Vi2），分别设置输出端为节点 12、节点 13 和节点 7。仿真时，每重设一次输出节点，单击一次 Simulate 按钮，进行一次传递函数分析。

由分析结果可得以下结论。

① 差动放大器的电压放大倍数: $A_{v_{D1}} = -129.3298$。

② 中间级电压放大倍数: $A_{v_2} = 335.02/(-129.3) \approx -2.60$。

③ 该运算放大器同相输入时的总电压放大倍数: $A_v = 321.49581$。

④ 电压放大倍数 A_v 为正值,表明输出端电压与同相输入端输入电压同相位。

⑤ 电路的输入阻抗为 20.54684kΩ。

⑥ 电路的输出阻抗为 11.36890Ω。

(2)反相输入方式下的传递函数分析。执行 Simulate→Analyses Transfer Function 命令,在传递函数分析对话框中设置输入源为 Vi,设置输出端为节点 7。进行一次传递函数分析。

由分析结果可得,在反相输入方式下,简单集成运算放大器的总电压放大倍数 $A_v = -321.33603$,负号表明运算放大器输出电压与反相输入端输入电压的相位相反;电路的输入阻抗为 20.54665kΩ;电路的输出阻抗为 11.36890Ω。

也可以通过示波器观测简单集成运算放大器的输入与输出波形,如图 4-94 所示。通过示波器观察简单集成运算放大器的输入及输出波形,可得 U_o=157μV, U_i=982μV。

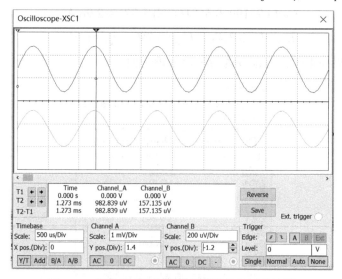

图 4-94　简单集成运算放大器的输入与输出波形

拓展阅读

一、理想运算放大器的基本特性

1. 理想运算放大器的特性

(1)开环电压增益: $A_{ud}=\infty$。

(2)输入阻抗: $R_i=\infty$。

(3)输出阻抗: $R_o=0$。

(4)带宽: $f_{BW}=\infty$。

（5）失调与漂移均为零。

2．理想运算放大器线性应用的两个重要特性

（1）输出电压 U_o 与输入电压 U_i 之间满足的关系式为

$$U_o = A_{ud}(U_+ - U_-)$$

由于 $A_{ud}=\infty$，而 U_o 为有限值，因此 $U_+=U_-=0$，称为"虚短"。

（2）由于 $R_i=\infty$，因此流进运算放大器两输入端的电流可视为零，称为"虚断"。

二、比例运算电路

1．反相比例电路

反相比例电路如图 4-95 所示，其中，输出电压 U_o 与输入电压 U_i 的关系为

$$U_o = -\frac{R_f}{R_1}U_i$$

为了减小输入级偏置电流引起的运算误差，在同相端应接入平衡电阻 $R=R_1 /\!/ R_f$。

在 Multisim 13 的电路窗口中创建如图 4-95 所示的反相比例电路，输入幅度为 2V 的方波信号，当 $R_1=1k\Omega$，$R_f=2k\Omega$ 时，反相比例电路的输入与输出波形如图 4-96 所示。

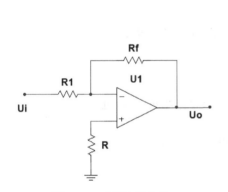

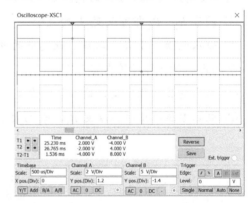

图 4-95　反相比例电路　　　　　图 4-96　反相比例电路的输入与输出波形

理论分析，反相比例电路的输出 $U_o=-R_f/R_1\times U_i=-2U_i$。由于运算放大器的非理想性，输出信号波形为非标准方波。由此可见，理论分析与仿真分析的结果相同。

2．同相比例电路

同相比例电路如图 4-97 所示，其中，R 为平衡电阻。

与反相比例电路的分析相似，利用理想运算放大器的"虚短"和"虚断"特性可得，同相比例电路的输出电压 U_o 与输入电压 U_i 的关系为

$$U_o = \left(1 + \frac{R_f}{R_1}\right)U_i$$

同理，在 Multisim 13 的电路窗口中创建如图 4-97 所示的同相比例电路，输入幅度为 2V 的方波信号，当 $R_1=R_f=1k\Omega$ 时，同相比例电路的输入与输出波形如图 4-98 所示。

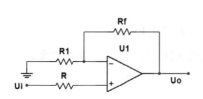

图 4-97 同相比例电路

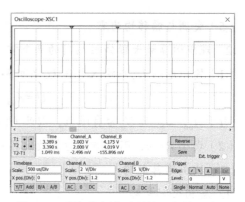

图 4-98 同相比例电路的输入与输出波形

由理论分析可知，同相比例电路的输出电压 $U_o=(1+R_f/R_1)U_i=2U_i$，故输出电压与输入电压同相，且输出幅度是输入幅度的 2 倍。运算放大器的非理想性使得输出信号波形为非标准方波。由此可见，计算机仿真分析结果与理论分析结果相符。

3. 仿真练习

（1）反向比例运算分析的特点如下所述，反相比例电路实例如图 4-99 所示。

① 调节 R_1、R_2 即可改变 A_v 的大小。

② 输入电阻等于 R_1，较小。此电路的电压放大倍数 $A_v=-R_2/R_1=-10$。

反相比例仿真练习的内容如下。

① 画出电压并联负反馈输入与输出波形。

② 电源电压不变时，改变 R_1、R_2 的大小，由示波器测出 A_v 的值。

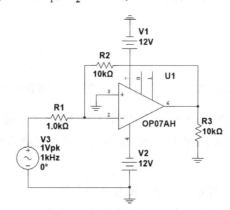

图 4-99 反相比例电路实例

R_1	1kΩ	2kΩ	3kΩ
R_2	20kΩ	12kΩ	24kΩ
A_v			

③ 电阻值不变，改变输入电压，测出输出电压和 A_v 的值。

U_i	0.5V	800mV	1.2V
U_o			
A_v			

（2）同向比例运算的特点如下所述，同相比例电路实例如图 4-100 所示。

① 调节 R_f、R_1 即可调节放大倍数，电压跟随器是它的应用特例。

② 输入电阻趋于无穷大。

在如图 4-100 所示的同相比例电路实例中，输出电压与输入电压的关系为 $U_o=(1+R_f/R_1)U_i$。

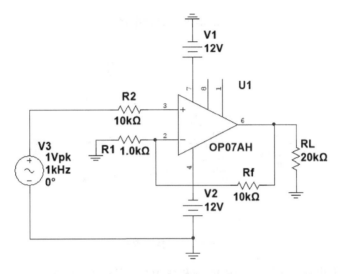

图 4-100　同相比例电路实例

① 电压放大倍数为＿＿＿＿＿＿，输入电阻为＿＿＿＿＿＿，输出电阻为＿＿＿＿＿＿。

② 电源电压不变时，改变 R_1、R_2 的大小，通过示波器测出 A_v 的值。

R_1	1kΩ	2kΩ	3kΩ
R_f	20kΩ	12kΩ	24kΩ
A_v			

③ 电阻值不变，改变输入电压，测量输出电压和 A_v 的值。

U_i	0.5V	800mV	1.2V
U_o			
A_v			

（3）加法电路和减法电路如图 4-101 和图 4-102 所示。

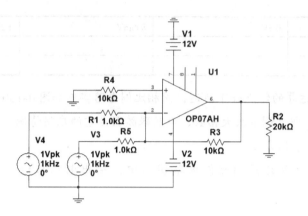

图 4-101 加法电路

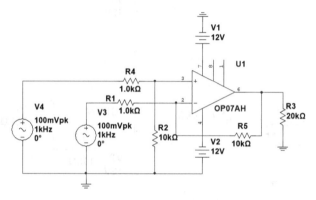

图 4-102 减法电路

加法电路的输出电压 $U_o=-(R_3/R_1)U_4-(R_3/R_5)U_3$，满足 $R_4=R_3/\!/R_1/\!/R_5$。

① 从输出波形可以看出，幅值放大了_____倍，相位差_____。

② 改变下列参数，用示波器测试并完成下表。

$R_5=R_1=R_3=4\text{k}\Omega$	$R_5=R_1=R_3=4\text{k}\Omega$	$R_5=R_1=4\text{k}\Omega$	$R_5=R_1=2\text{k}\Omega$
$U_i=1\text{V}$	$U_i=1.5\text{V}$	$R_3=8\text{k}\Omega$	$R_3=8\text{k}\Omega$
$U_o=$	$U_o=$	$U_o=$	$U_o=$
$A_v=$	$A_v=$	$A_v=$	$A_v=$

① 从输出结果可知，U_o 和 U_3 的相位差约为_____，幅值放大了_____倍。

② 改变下列参数，用示波器测试并完成下表。

$R_4=R_1=R_5=4\text{k}\Omega$	$R_4=R_1=R_5=4\text{k}\Omega$	$R_4=R_1=4\text{k}\Omega$	$R_4=R_1=2\text{k}\Omega$
$U_i=1\text{V}$	$U_i=1.5\text{V}$	$R_5=8\text{k}\Omega$	$R_5=8\text{k}\Omega$
$U_o=$	$U_o=$	$U_o=$	$U_o=$
$A_v=$	$A_v=$	$A_v=$	$A_v=$

思考与练习

1．在如图 4-103 所示的反相比例运算电路中，设 R_1=10kΩ，R_f=500kΩ，问 R 为多少？若输入信号为 10mV，请用万用表测量输出信号的大小。

2．在 Multisim 13 的电路窗口中设计一个同相比例运算电路，若输入信号为 10mV，试用示波器观察其输入与输出波形的相位，并测量输出电压的大小。

3．图 4-104 所示的反相比例放大电路 1 是由运算放大器 μA741 构成的。

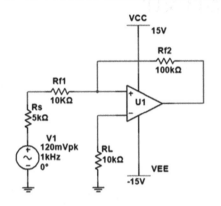

图 4-103 反相比例运算电路

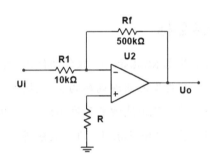

图 4-104 反相比例放大电路 1

（1）试对该电路进行直流工作分析。

（2）试对该电路进行直流传输特性分析，并求电路的直流增益、输入电阻和输出电阻。

（3）若输入幅度为 0.1V、频率为 10kHz 的正弦波信号，对电路进行瞬态分析，观察输出波形。

（4）将输入信号的幅度增大为 1.8V，重复前面的分析，观察输出波形的变化，并进行解释。

（5）若输入幅度为 2.5V、频率为 1kHz 的正弦波信号，再对电路进行瞬态分析，观察输出波形的变化。

4．将如图 4-104 所示的反相比例放大电路 1 改为同相比例放大电路，且要求放大倍数不变，画出改动后的电路，并重复题 3 的分析。

5．如图 4-105 所示，已知 U_{i1}=1V，U_{i2}=2V，U_{i3}=14V，U_{i4}=14V，R1=R2=10kΩ，R_3=R_4=R_f=5kΩ，试仿真 U_o 的大小。

6．设计一个反相比例放大电路，要求输入电阻为 50kΩ，放大倍数为 50，且电阻的阻值不得大于 300kΩ，对设计好的电路进行直流传输特性分析，以验证其是否达到指标要求。

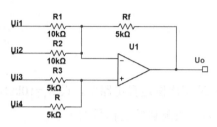

图 4-105　反相比例放大电路 2

 # 任务 4.4　有源滤波电路的仿真设计

教学目标

（1）熟悉 Multisim 13 软件的使用方法。

（2）掌握有源滤波电路的主要性能。

（3）学习低通滤波器和高通滤波器的主要性能。

（4）学习 Multisim 13 的交流分析方法。

◆ 任务引入 ◆

二阶有源低通滤波器电路如图4-106所示，试对其幅频响应和相频响应进行 Multisim 13 仿真分析，并与理论计算值进行比较。

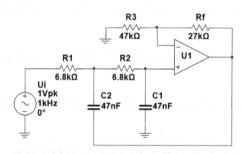

图 4-106　二阶有源低通滤波器电路

◆ 任务分析 ◆

本任务用到的虚拟仪器有双踪示波器、信号发生器、频率计。

◆ 相关知识 ◆

滤波器是一种能够滤除不需要的频率分量、保留有用的频率分量的电路，工程上常用滤波器进行信号处理、数据传送和抑制干扰等。利用运算放大器和无源器件（R、L、C）构成的有源滤波器具有一定的电压放大和输出缓冲作用。按滤除的频率分量的范围来分，有源滤波器可分为低通滤波器、高通滤波器、带通滤波器和带阻滤波器。

■■■ 特别提示

应用 Multisim 13 仿真软件中的交流分析可以方便地求得滤波器的频率响应曲线，根据频率响应曲线调整和确定滤波器电路的元件参数，很容易获得所需的滤波特性，同时可以省去烦琐的计算，充分体现计算机仿真技术的优越性。

图 4-107 所示为一阶有源低通滤波器。

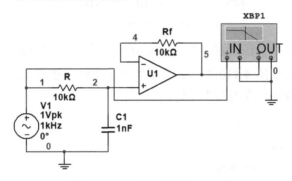

图 4-107　一阶有源低通滤波器

电路的截止频率：$f_n = \dfrac{1}{2\pi R_1 C_1} = \dfrac{1}{2\pi \times 10 \times 10^3 \times 1000 \times 10^{12}} = 15.92\text{kHz}$。

在交流分析对话框中合理设置参数，启动仿真分析后，一阶有源低通滤波电路的幅频响应和相频响应曲线如图 4-108 所示。由幅频特性指针 2 读取该低通滤波器的截止频率 $f_n = 15.8959\text{kHz}$，与理论计算值基本相符。

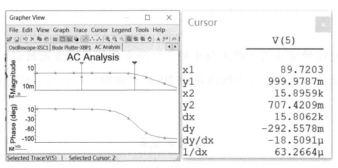

图 4-108　一阶有源低通滤波电路的幅频响应和相频响应曲线

◆ **任务实施** ◆

二阶有源低通滤波器电路如图 4-109 所示。

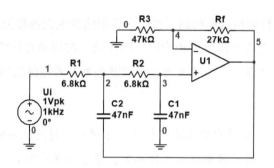

图 4-109　二阶有源低通滤波器电路

电路的截止频率：$f_n = \dfrac{1}{2\pi RC} = \dfrac{1}{2\pi \times 6.8 \times 10^3 \times 47 \times 10^9} \approx 498\text{Hz}$。

$$C = C_1 = C_2,\ R = R_1 = R_2$$

在交流分析对话框中合理设置参数，启动仿真分析后，二阶有源低通滤波器电路的幅频响应和相频响应曲线如图 4-110 所示。由幅频特性指针 2 读取该低通滤波器的截止频率 $f_n = 428.5192\text{Hz}$，与理论计算值基本相符。

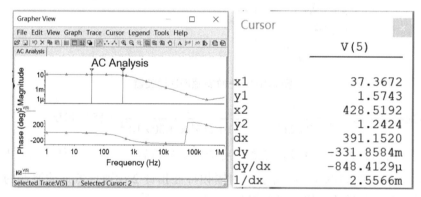

图 4-110　二阶有源低通滤波器电路的幅频响应和相频响应曲线

■■■ 特别提示

当输入信号电压的频率高于截止频率时，二阶有源低通滤波器的频率响应的下降速率明显高于一阶有源低通滤波器（下降速率由 20dB/十倍频程增加到 40dB/十倍频程）。

■■■ 拓展阅读

高通滤波器

一、一阶有源高通滤波器

将低通滤波器中的元件 R 和 C 的位置互换后，电路就变为高通滤波器，一阶有源高通滤波器电路如图 4-111 所示。

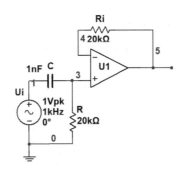

图 4-111　一阶有源高通滤波器电路

截止频率：$f_n = \dfrac{1}{2\pi RC} = \dfrac{1}{2\pi \times 20 \times 10^3 \times 1 \times 10^{-9}} \approx 7.96\text{kHz}$。

在交流分析对话框中合理设置参数，启动仿真分析后，一阶有源高通滤波器电路的幅频响应和相频响应曲线如图 4-112 所示。由幅频特性指针 1 读取该高通滤波器的截止频率 $f_n = 7.8018\text{kHz}$，与理论计算值基本相符。

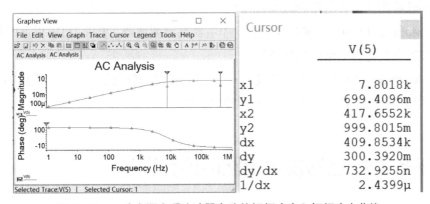

图 4-112　一阶有源高通滤波器电路的幅频响应和相频响应曲线

二、二阶有源高通滤波器

二阶有源高通滤波器电路如图 4-113 所示。

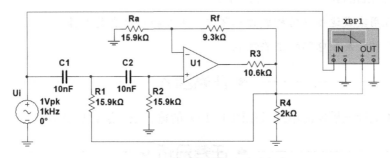

图 4-113　二阶有源高通滤波器电路

截止频率：$f_n = \dfrac{1}{2\pi RC} \approx 1\text{kHz}$（$C=C_1=C_2$，$R=R_1=R_2$）。

利用 Multisim 13 仿真软件对该电路进行交流分析，如图 4-114 所示。由幅频特性指针读取电路的截止频率 $f_n = 1\text{kHz}$，与理论计算值基本相符。

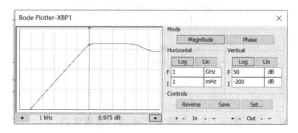

图 4-114　二阶有源高通滤波器的幅频响应和相频响应曲线

思考与练习

1．在 Multisim 13 的电路窗口中设计一个有源低通滤波器，要求 10kHz 以下的频率能通过，试用波特图仪仿真电路的幅频特性。

2．在 Multisim 13 的电路窗口中设计一个有源高通滤波器，要求 1kHz 以上的频率能通过，试用波特图仪仿真电路的幅频特性。

3．在 Multisim 13 的电路窗口中设计一个二阶有源低通滤波器电路，要求 10kHz 以下的频率能通过，试用波特图仪仿真电路的幅频特性。

 # 任务 4.5　信号发生电路的仿真设计

教学目标

（1）熟悉 Multisim 13 软件的使用方法。

（2）掌握用集成运放电路构成的正弦波、方波和三角波发生器。

（3）学习信号发生电路的主要性能。

◆ 任务引入 ◆

试对基本文氏电桥振荡电路（见图 4-115）的输出波形进行仿真分析。

◆ 任务分析 ◆

本任务用到的虚拟仪器有双踪示波器、信号发生器、交流毫伏表和数字万用表。

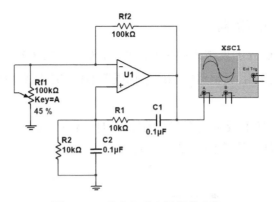

图 4-115　基本文氏电桥振荡电路

◆ 相关知识 ◆

信号发生电路是电子系统中的重要组成部分。信号发生电路从直流电源获取能量，将其转换成负载上周期性变化的交流振荡信号：若振荡频率单一，则为正弦波信号发生电路；若振荡频率含有大量谐波，则为多谐振荡，如矩形波、三角波等。

一、正弦波信号发生电路

1. RC 移相式振荡器

RC 移相式振荡器如图 4-116 所示，该电路由反相放大器和 3 节 RC 移相网络组成，要满足振荡相位条件，则要求 RC 移相网络完成 180° 的相移。由于一节 RC 移相网络的相移极限为 90°，因此采用 3 节或 3 节以上的 RC 移相网络才能实现 180° 的相移。

只要适当调节 R_f=R_4 的值，使得 A_v 适当，就可以满足相位和幅度条件，产生正弦振荡。其振荡频率 $f_o \approx \dfrac{1}{2\pi\sqrt{6}RC}$（$R=R_1=R_2=R_3$，$C=C_1=C_2=C_3$），RC 移相式振荡器的振荡波形如图 4-117 所示。

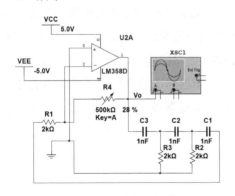

图 4-116　RC 移相式振荡器

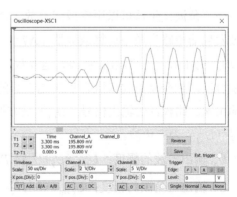

图 4-117　RC 移相式振荡器的振荡波形

2. RC 双 T 反馈式振荡器

图 4-118 所示为 RC 双 T 反馈式振荡器，其中，C1、C2、C3、R3、R4 和 R5 组成双 T 负反馈网络（完成选频作用）。电路中的两个稳压管 D1、D2 具有稳压功能，用来改善输出波形。

用示波器观测 RC 双 T 反馈式振荡器的输出电压波形，如图 4-119 所示，根据示波器的扫描时间刻度可测得振荡周期 $T=7.5\text{ms}$，$f_0=1/T=133\text{Hz}$。

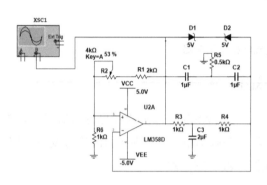

图 4-118　RC 双 T 反馈式振荡器

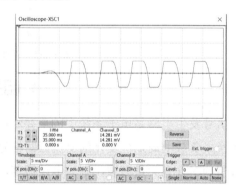

图 4-119　RC 双 T 反馈式振荡器的输出电压波形

二、弛张振荡器

占空比固定的弛张振荡器就是方波—三角波发生器，而占空比可调的弛张振荡器是脉冲和锯齿波发生器。脉冲与方波相比，区别在于高低电平的持续时间不等。锯齿波与三角波相比，区别在于上升边和下降边不等。所以构成脉冲和锯齿波发生器电路，只要控制方波—三角波发生器高低电平的持续时间 T_1 和 T_2 不等即可。

1. 方波—三角波发生器

一般方波发生器由迟滞比较器和 RC 负反馈电路构成。方波积分后变成三角波，所以方波—三角波发生器可以用集成运算放大器、电压比较器构成。图 4-120 所示的方波—三角波发生器电路为通用运算放大器 μA741 构成的方波—三角波发生器电路。其中，D1 和 D2 均为稳压管，击穿电压为 4V；运算放大器 U1 接成迟滞比较器，运算放大器 U2 接成反相积分器，积分器的输入取自迟滞比较器的输出端，而迟滞比较器的输入端则取自积分器的输出端。比较器的输出信号（U_{o1}）是方波，其输出电压幅度由稳压管决定。积分器输出信号（U_{o2}）为三角波。

U_{o1} 输出方波的幅度：$U_{o1m}=U_z+U_d=4.7\text{V}$。

U_{o2} 输出三角波的幅度：$U_{o1m}=-U_{o1}\dfrac{R_1}{R_f}$。

方波与三角波的振荡频率：$f_o = \dfrac{R_f}{4R_1R_2C}$。

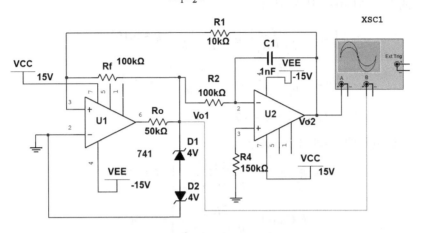

图 4-120　方波—三角波发生器电路

用示波器观测运算放大器 U1 和 U2 的输出电压波形，如图 4-121 所示。

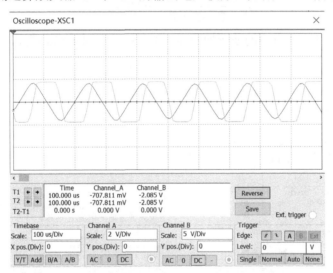

图 4-121　运算放大器 U1 和 U2 的输出电压波形

■■■ 特别提示

　　若调换图 4-120 中的稳压管，则可以改变方波和三角波的输出电压幅度，但不会改变振荡频率。若改变积分器的时间常数，则可以调节振荡频率，但不会改变输出电压幅度。

2. 脉冲和锯齿波发生器

　　在比较器的一个输入端加参考电压 U_R，使上、下门限电压不对称，从而改变电容充放电的速度，则会使方波发生器高、低电平的持续时间不等。图 4-122 所示的脉冲和锯齿波发生器电路是一个比较器同相输入端加有 2V 参考电压的脉冲和锯齿波发生器电路。

比较器的上、下门限电压分别为

$$U_{th+} = \frac{R_p}{R_f + R_p}U_{om} + \frac{R_f}{R_f + R_p}U_R \approx 3.16\text{V}$$

$$U_{th-} = \frac{R_p}{R_f + R_p}U_{on} + \frac{R_f}{R_f + R_p}U_R \approx -0.57\text{V}$$

其中，$U_{om} = -U_{on} = U = U_Z + U_D = 4 + 0.7 = 4.7\text{V}$。

脉冲高、低电平的持续时间分别为

$$T_1 = R_1C_1\ln\left[1 + \frac{2R_pU}{R_f \times U - U_R}\right] = 0.933\text{ms}$$

$$T_2 = R_1C_1\ln\left[1 + \frac{2R_pU}{R_f \times U + U_R}\right] = 0.556\text{ms}$$

振荡频率为

$$f_o = \frac{1}{T} = \frac{1}{T_1 + T_2} = 672\text{Hz}。$$

脉冲和锯齿波发生器电路的波形如图 4-123 所示，由图 4-123 可知，f_o 为 466Hz。

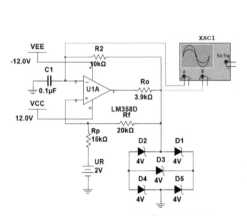
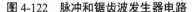

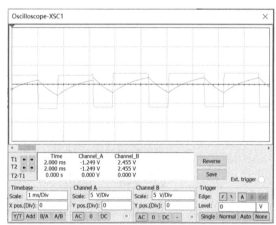

图 4-122　脉冲和锯齿波发生器电路　　　　图 4-123　脉冲和锯齿波发生器电路的波形

三、半波精密整流电路

半波精密整流电路是由运算放大器组成的，如图 4-124 所示，半波精密整流电路的输入与输出波形如图 4-125 所示。该电路利用二极管的单向导电性实现整流，利用运算放大器的放大作用和深度负反馈来消除二极管的非线性和正向导通压降造成的误差。

当输入电压 $U_i > 0$ 时，运算放大器的输出电压 $U_1 < 0$，D2 导通，D1 截止，输出电压 $U_o = 0$；

当输入电压 $U_i<0$ 时，运算放大器的输出电压 $U_1>0$，D1 导通，D2 截止，输出电压 $U_o=-\dfrac{R_1}{R_2}U_i$。

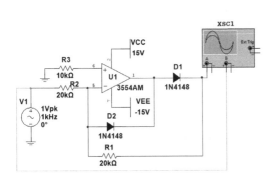

图 4-124　半波精密整流电路

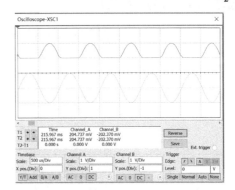

图 4-125　半波精密整流电路的输入与输出波形

四、绝对值电路

在半波精密整流电路的基础上增加一个加法器，让输入信号的另一极性电压不经整流就直接送到加法器，与来自整流电路的输出电压相加，便可构成绝对值电路，如图 4-126 所示。绝对值电路又称全波精密整流电路。

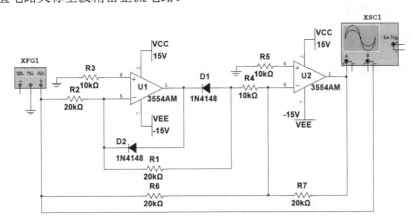

图 4-126　绝对值电路

输入电压 $U_i<0$，则运算放大器的输出电压 $U_1>0$，D2 导通，D1 截止，半波精密整流输出电压 $U_{o1}=0$；加法器输出电压 $U_o=-\dfrac{R_7}{R_6}U_i$，$U_i<0$。

当输入电压 $U_i>0$ 时，运算放大器的输出电压 $U_1<0$，D1 导通，D2 截止，半波精密整流输出电压 $U_{o1}=-\dfrac{R_1}{R_2}U_i$，加法器输出电压 $U_o=-\dfrac{R_7}{R_6}U_i-\dfrac{R_7}{R_4}U_{o1}$，$U_i>0$。

若取 $R_7=R_2=R_1=R_6=2R_4$，则绝对值电路的输出电压 $U_o=|U_i|$。

绝对值电路的输入与输出波形如图 4-127 所示。其中，较高位置的波形为输入波形，较低位置的波形为输出波形。

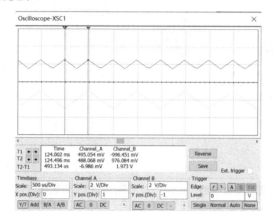

图 4-127　绝对值电路的输入与输出波形

五、限幅电路

限幅电路的功能：当输入信号电压进入某一范围（限幅区）时，其输出信号的电压不再跟随输入信号的电压变化。

1．串联限幅电路

串联限幅电路如图 4-128 所示，起限幅控制作用的二极管 D1 与运算放大器 U1 反相输入端串联，参考电压（U_R=-2V）为二极管 D1 的反偏电压，以控制限幅电路的门限电压 U_{th+}。

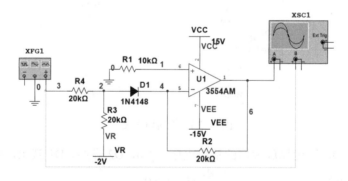

图 4-128　串联限幅电路

由图 4-128 可知：当输入电压 U_i<0 或 U_i 为数值较小的正电压时，D1 截止，运算放大器的输出电压 U_o=0；仅当输入电压 U_i>0 且 U_i 为数值大于或等于某个的正电压 U_{th+}（U_{th+} 称为正门限电压）时，D1 才正偏导通，电路有输出，且 U_o 跟随输入信号 U_i 变化，串联限幅电路的传输特性如图 4-129 所示。

由于当输入信号 $U_i=U_{th+}$ 时，电路开始有输出信号，此时 A 点的电压 U_A 应等于二极管 Dl 的正向导通电压 U_D，故将 $U_A=U_D$ 时的输入电压值作为门限电压 U_{th+}，即

$$U_A = \frac{R_3}{R_3+R_4}U_{th+} - \frac{R_3}{R_3+R_4}U_R = U_D$$

可求得 U_{th+} 为

$$U_{th+} = \frac{R_4}{R_3}U_R + \left(1+\frac{R_4}{R_3}\right)U_D$$

由此可见，当 $U_i<U_{th+}$ 时，输出 $U_o=0$。因此 $U_i<U_{th+}$ 的区域称为限幅区；当 $U_i>U_{th+}$ 时，U_o 跟随输入信号 U_i 变化，$U_i>U_{th+}$ 的区域称为传输区，传输系数为 $A_{uf}=-R_2/R_4$。

若把电路中的二极管 D1 的正负极性对调，将参考电压改为正电压 U_R，则门限电压为

$$U_{th+} = -\left[\frac{R_4}{R_3}U_R + \left(1+\frac{R_4}{R_3}\right)U_D\right]$$

由此可知，改变 U_R 的数值或改变 R_3 与 R_4 的比值均可改变门限电压。

串联限幅电路的输入与输出波形如图 4-130 所示。

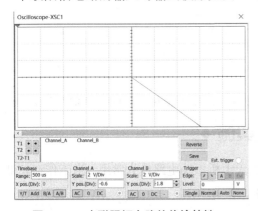

图 4-129　串联限幅电路的传输特性

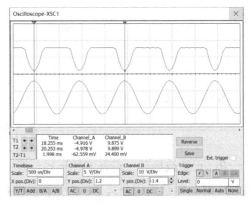

图 4-130　串联限幅电路的输入与输出波形

2. 稳压管双向限幅电路

稳压管双向限幅电路如图 4-131 所示。其中，稳压管 D1、D2 与负反馈电阻 R1 并联。

当输入电压 U_i 较小时，输出电压 U_o 也较小，Dl 和 D2 没有击穿，U_o 跟随输入电压 U_i 的变化而变化，传输系数为 $A_{uf} = -\dfrac{R_1}{R_2}$；当 U_i 幅值增大，U_o 的幅值也增大，且 D1 和 D2 击穿时，输出电压 U_o 的幅度保持 U_z+U_D 的值不变，电路进入限幅工作状态。稳压管双向限幅电路的传输特性如图 4-132 所示。

若稳压管双向限幅电路的输入信号为三角波，则稳压管双向限幅电路的输入与输出波形如图 4-133 所示。

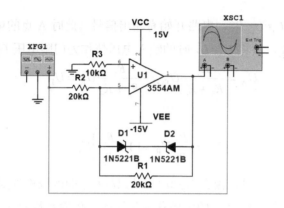

图 4-131　稳压管双向限幅电路

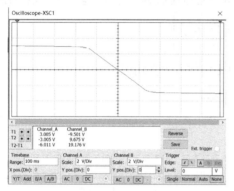

图 4-132　稳压管双向限幅电路的传输特性

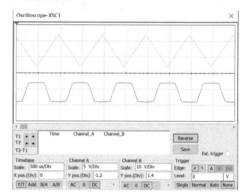

图 4-133　稳压管双向限幅电路的输入与输出波形

◆ 任务实施 ◆

RC 正弦波振荡电路有多种形式，其中，文氏电桥振荡电路最为常用。当工作在超低频环境中时，常选用积分式 RC 正弦波振荡电路。

图 4-115 所示为基本文氏电桥振荡电路，电路中的负反馈网络为电阻网络，电路中的正反馈网络为 RC 选频网络。其中，正反馈系数 $B_+ = \dfrac{1}{1+\dfrac{R_2}{R_1}+\dfrac{C_1}{C_2}} = \dfrac{1}{3}$，负反馈系数 $B_- = \dfrac{R_{f1}}{R_{f1}+R_{f2}}$，

为了满足起振条件 $AB \geqslant 1$（A 为运算放大器的开环增益，$A=10^5$），取 $R_{f2}=100\text{k}\Omega$，则 $R_{f1} \leqslant 50\text{k}\Omega$。

基本文氏电桥振荡电路的振荡频率为

$$f_0 = \frac{1}{2\pi\sqrt{R_1 C_1 R_2 C_2}} = 159\text{Hz}$$

调整 R_{f1} 的大小，可以观察振荡器的起振情况。当 $R_{f1}>50\text{k}\Omega$ 时，电路很难起振；当 $R_{f1}<50\text{k}\Omega$ 时，尽管振荡能够起振，但若 R_{f1} 的取值较小，则振荡器输出的不是正弦波信号，而是方波信号。

◾◼◾ **特别提示**

　　输出波形上下均幅，说明电路起振后随着幅度增大，运算放大器会进入强非线性区。RC 正弦波振荡电路因选频网络的等效 Q 值很低而不能采用自生反偏压稳幅，只能采用热惯性非线性元件或自动稳幅电路来稳幅。当工作于低频或超低频范围时，难以找到惯性足够强的非线性元件，因此必须使用自动稳幅电路来稳幅。

　　图 4-134 所示为改进的文氏电桥振荡器，它是用场效应管稳幅的文氏电桥振荡器。振荡电路的稳幅过程如下：若输出幅度增大，当输出电压大于稳压管的击穿电压时，检波后加在场效应管上的栅压负值增大，漏源等效电阻增大，负反馈加强，环路增益下降，输出幅度降低，从而达到稳幅的目的。

　　对如图 4-134 所示的改进的文氏电桥振荡器进行瞬态分析，如图 4-135 所示，可见，改进的文氏电桥振荡器的输出波形基本上是正弦波。

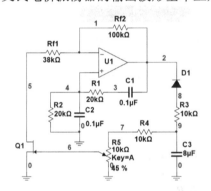

图 4-134　改进的文氏电桥振荡器

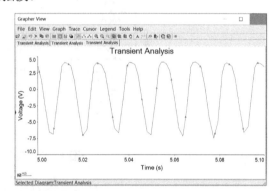

图 4-135　改进的文氏电桥振荡器的输出波形

◾◼◾ **拓展阅读**

电压/电流（U/I）变换电路

一、负载不接地 U/I 变换电路

　　负载不接地 U/I 变换电路如图 4-136 所示。其中，电流表 XMM1 和 XMM2 用于测量电流。负载 R2 接在反馈支路上，兼作反馈电阻。U1 为运算放大器，则流过 R2 的电流为

$$I_{\mathrm{L}} \approx I_{\mathrm{R}} \approx \frac{U_{\mathrm{i}}}{R_{\mathrm{l}}}$$

　　可见，流经负载 R2 的电流 I_{L} 与输入电压 U_{i} 成正比，而与负载大小无关，从而实现 U/I 变换。若输入电压 U_{i} 不变，即采用直流电源，则负载电流 I_{L} 保持不变，可以构成一个恒流源电路。图 4-136 中的电路中的最大负载电流受运算放大器最大输出电流的限制，因此其取值不能太大；最小负载电流受运算放大器最小输入电流的限制，因此其取值不能太小。

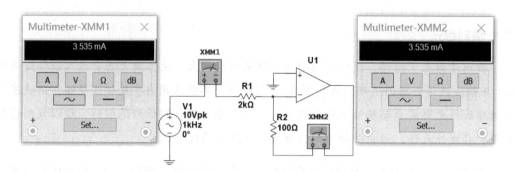

图 4-136　负载不接地 U/I 变换电路

二、负载接地 U/I 变换电路

负载接地 U/I 变换电路如图 4-137 所示。

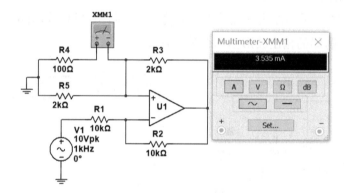

图 4-137　负载接地 U/I 变换电路

$$U_o = -\frac{R_2}{R_1}U_i + \left(1 + \frac{R_2}{R_1}\right)I_L R_4$$

由图 4-136 可知：

$$I_L R_4 = \frac{R_5 / / R_4}{R_3 + R_5 / / R_4}U_o$$

若取 $\dfrac{R_2}{R_1} = \dfrac{R_3}{R_5}$ ，则 $I_L = -\dfrac{U_i}{R_5}$ 。

可见，负载 R_4 的电流大小与输入电压 U_i 成正比，而与负载大小无关，从而实现 U/I 变换。若输入电压 U_i 不变，即采用直流电源，则负载电流 I_L 保持不变，可以构成一个恒流源电路。

举例：设计可调方波—三角波函数发生器。

函数发生器一般是指可自动产生正弦波、三角波和方波等电压波形的电路或仪器。根据用途不同可以分为产生一种波形的发生器和产生多种波形的发生器；所使用的器件可以是分立器件，也可以是专用集成电路。本例将使用集成运算放大器来组成实现方波和三角波函数的电路，如图 4-138 所示，比较器 U1 与积分器 U2 组成正反馈闭环电路，可以同时输出方波和三角波。

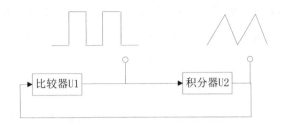

图 4-138　方波和三角波函数发生器

（1）设计指标如下。

频率范围：1～10Hz，10～100Hz。

输出电压：方波峰值电压 $U_{pp} \leqslant 24V$，三角波峰值电压 $U_{pp} \leqslant 8V$。

（2）设计电路时应首先确定电路形式，然后计算元件参数。

① 确定电路形式。

采用如图 4-139 所示的方波—三角波发生电路，其中，U1 与 U2 相同，型号都是 3554AM。U1 与 R1、R2、R3、RWI 组成电压比较器，当比较器的 $U_+ = U_- = 0$ 时，比较器翻转，输出 U_{o1} 从高电平$+U_{cc}$跳到低电平$-U_{EE}$，或从低电平$-U_{EE}$跳到高电平$+U_{cc}$。因为方波电压的幅度接近电源电压，所以取电源电压$+U_{cc} = +12V$，$-U_{EE} = -12V$。

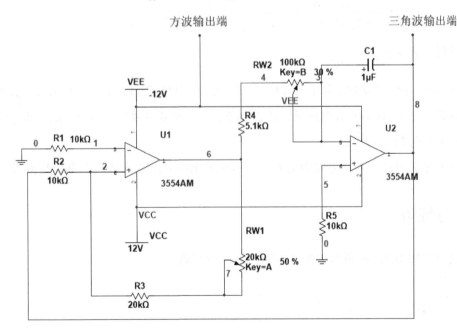

图 4-139　方波—三角波发生电路

U2 与 RW2、C1、R5 组成反相器，对输入的方波进行积分，从而产生三角波输出 U_{o2}。

为了自动产生方波—三角波，将 U1 和 U2 首尾相连，形成具有正反馈的闭环电路。

三角波的幅度 U_{o2m} 为 $U_{o2m} = \dfrac{R_2}{R_3 + R_{W1}} U_{cc}$。

方波—三角波的频率为 $f = \dfrac{R_3 + R_{W1}}{4R_2 (R_4 + R_{W2}) C}$。

微调 RW1，使三角波的输出幅度满足设计要求，调节 RW2，则输出频率在对应的波段内可以连续改变。

② 计算元件参数。

比较器 U1 与积分器 U2 的元件参数如下。

三角波最大输出电压 $U_{o2m} = \dfrac{R_2}{R_3 + R_{W1}} U_{cc}$。

可以得到：$\dfrac{R_2}{R_3 + R_{W1}} = \dfrac{U_{o2m}}{U_{cc}} = \dfrac{4}{12} = \dfrac{1}{3}$。

取 R_2=10kΩ，则 R_3+R_{w1}=30kΩ；取 R_3=20kΩ，R_{w1} 为 20kΩ 的电位器；取平衡器电阻 R_1=10kΩ。

根据公式

$$f = \frac{R_3 + R_{W1}}{4R_2 (R_4 + R_{W2}) C} = \frac{3R_2}{4R_2 (R_4 + R_{W2}) C} = \frac{3}{4 (R_4 + R_{W2}) C}$$

可以得到：$R_4 + R_{W2} = \dfrac{3}{4fC}$。

当 1Hz≤f≤10Hz 时，取 C=10μF，则 R_4+R_{w2}=7.5kΩ~75kΩ，取 R_4=5.1kΩ，R_{w2} 为 100kΩ 的电位器。当 10Hz≤f≤100Hz 时，取 C=1μF，以实现频率波段的转换，R_4 及 R_{w2} 的取值不变，取平衡电阻 R_5=10kΩ。

（3）仿真测试。打开电路仿真开关，示波器上即可显示方波和三角波的波形。

思考与练习

试观察如图 4-140 所示的检波电路，并分析其原理。

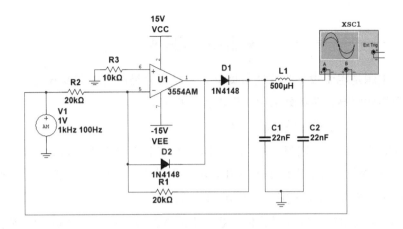

图 4-140　检波电路

 任务 4.6　直流稳压电源的仿真设计

教学目标

（1）熟悉 Multisim 13 软件的使用方法。

（2）掌握直流稳压电源的电路构成。

（3）学习瞬时分析方法。

◆ **任务引入** ◆

试对线性稳压电源电路（见图 4-141）进行瞬时分析，并与理论值进行比较。

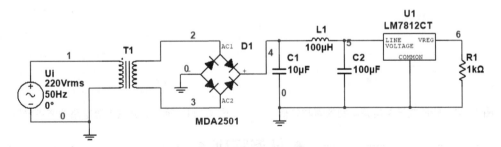

图 4-141　线性稳压电源电路

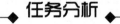◆ **任务分析** ◆

本任务用到的虚拟仪器有直流电流表和直流电压表。

◆ **相关知识** ◆

直流稳压电源是电子设备中的能量提供者。对直流稳压电源的要求是输出电压的幅值稳定平滑、变换效率高、负载能力强、温度稳定性好。

图 4-142 所示为降压式开关电源电路。

220V/50Hz 的交流电经过整流、滤波和 DC/DC 转换等环节变换成稳定的直流电压。其中，BUCK 是一种求均电路，用于模拟 DC/DC 转换器的求均特性。电路的输出电压 $U_o=U_i×k$，式中，k 是转换电路的开关占空比，k 在 0～1 之间取值。

对图 4-142 中的电路进行瞬时分析，观察电路中的输入电压（节点 1）、整流滤波后的电压（节点 2）和输出电压（节点 4）的波形，如图 4-143 所示。降压式开关电源电路的节点电压如图 4-144 所示。

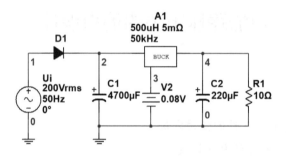

图 4-142　降压式开关电源电路

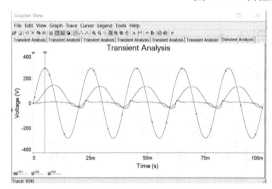

Cursor	V(1)	V(2)	V(4)
x1	5.0107m	5.0107m	5.0107m
y1	282.8410	94.9886	7.5112
x2	0.0000	0.0000	0.0000
y2	0.0000	-3.3525e-053	-1.6616e-053
dx	-5.0107m	-5.0107m	-5.0107m
dy	-282.8410	-94.9886	-7.5112
dy/dx	56.4478k	18.9573k	1.4991k
1/dx	-199.5745	-199.5745	-199.5745

图 4-143　降压式开关电源电路的瞬时分析　　　图 4-144　降压式开关电源电路的节点电压

◆ **任务实施** ◆

图 4-141 所示为线性稳压电源电路，220V/50Hz 的交流电经过降压、整流、滤波和稳压 4 个环节变换成稳定的直流电压。

对图 4-141 中的电路进行瞬时分析，经稳压管稳压后的输出波形如图 4-145 所示，可见，该电路输出接近直流。

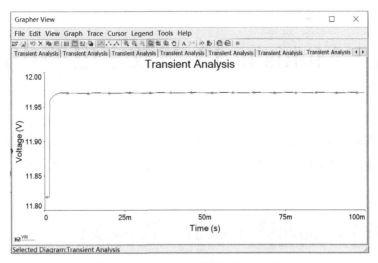

图 4-145　经稳压管稳压后的输出波形

拓展阅读

升压式 DC/DC 转换器

图 4-146 所示为升压式 DC/DC 开关电源电路。调用 Multisim 13 中的 BOOST 器件，BOOST 是一种求均电路，用于模拟 DC/DC 转换器的求均特性，将 5V 的直流电压经过 DC/DC 转换后得到 15.583V 的直流电压。它不仅能模拟电源转换中的小信号和大信号特性，而且能模拟开关电源的瞬态响应。电路的输出电压 $U_o=U_i/(1-k)$，式中，k 是转换电路的开关占空比，k 在 $0\sim1$ 之间取值。

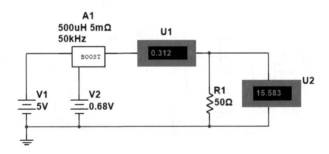

图 4-146　升压式 DC/DC 开关电源电路

项目五　Multisim 13 在数字电路中的应用

▶▶ **引言**

　　数字电路是研究数字电路的理论、分析和设计方法的学科，它包括组合逻辑电路和时序逻辑电路。本章应用 Multisim 13 仿真软件对数字电路的基本部件及其应用电路进行仿真。

 任务 5.1　晶体管开关特性的仿真设计

教学目标

　　（1）熟悉 Multisim 13 软件的使用方法。
　　（2）掌握晶体管开关特性。

◆ **任务引入** ◆

　　图 5-1 所示为晶体三极管反相器电路。在该电路中，输入信号通过电阻 R1 作用于晶体三极管 Q1 的发射结，由晶体三极管的集电极输出信号，试分析其开关特性。

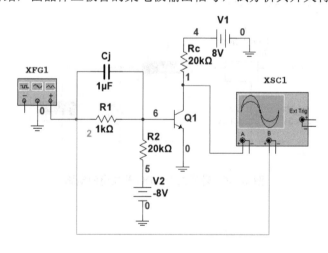

图 5-1　晶体三极管反相器电路

◆ **任务分析** ◆

　　本任务用到的虚拟仪器有双踪示波器和信号发生器。

◆ 相关知识 ◆

■▪■ 特别提示

在数字电路中，常用晶体二极管、晶体三极管和场效应管的导通和截止分别表示逻辑状态 1 和 0。

一、晶体二极管的开关特性

晶体二极管是由 PN 结构成的，具有单向导电特性。图 5-2 所示为晶体二极管开关特性的仿真电路。

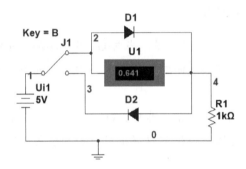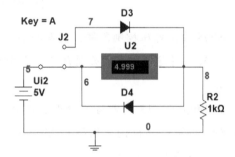

（a）晶体二极管加正向电压的仿真电路　　　　（b）晶体二极管加反向电压的仿真电路

图 5-2　晶体二极管开关特性的仿真电路

由图 5-2 可见，当晶体二极管加正向电压时，晶体二极管压降 U=0.641V ≈ 0，相当于开关闭合；当晶体二极管加反向电压时，二极管压降 U=4.999V，相当于开关断开。

二、晶体三极管的开关特性

在 Multisim 13 的电路窗口中创建如图 5-1 所示的晶体三极管反相器电路。

（1）在输入端加一个 5V 的直流电压源，从晶体三极管的集电极输出。对晶体三极管的集电极进行直流参数扫描，即可得到如图 5-3 所示的晶体三极管反相器的传输特性。从图 5-3 中可知，输出电压随输入电压增加而减小，1V 是晶体三极管反相器的阈值电压。

（2）若输入信号为方波信号，用示波器观察输入与输出波形，如图 5-4 所示。

由图 5-4 可知，当输入信号为负半周时，输入信号的幅度小于晶体三极管的门限电压，晶体三极管截止，输出为高电平；当输入信号为正半周时，幅度大于晶体三极管的门限电压，晶体三极管饱和导通，输出为低电平。

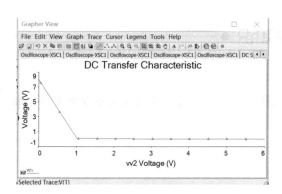

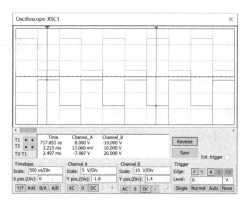

图 5-3　晶体三极管反相器的传输特性　　　　图 5-4　晶体三极管反相器的输入与输出波形

■▪■ 拓展阅读

MOS 管的开关特性

MOS 管是电压控制器件，具有与晶体管相似的非线性特性。当向 G、S 两端加正向电压时，D、S 导通，相当于开关闭合；当向 G、S 两端加反向电压时，D、S 截止，相当于开关断开。

在 Multisim 13 的电路窗口中创建电路，如图 5-5 所示。其中，Q2 为输入管，Q1 为负载管，两管均为 N 沟道增强型 MOS 管。通过逻辑转换仪可以得出对应的真值表和逻辑函数，如图 5-6 所示。

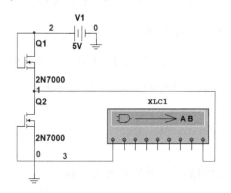

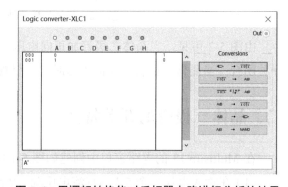

图 5-5　反相器电路　　　　　　　图 5-6　用逻辑转换仪对反相器电路进行分析的结果

由逻辑转换仪可以方便地得出电路的逻辑函数为 $U_o = \overline{U_i}$，该逻辑函数显然是一个非门（反相器）。

思考与练习

试用 Multisim 13 中的逻辑转换仪求出图 5-7 中的电路的逻辑函数。

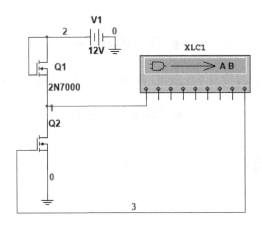

图 5-7 习题所用的电路图

 ## 任务 5.2 逻辑部件的仿真测试

教学目标

（1）熟悉 Multisim 13 软件的使用方法。

（2）掌握逻辑部件的仿真测试方法。

◆ 任务引入 ◆

逻辑门测试电路如图 5-8 所示。输入端的电平用发光二极管（LED1、LED2）指示，输出端的电平用灯泡（X1）指示，试通过控制开关 J1 和 J2 验证该电路的功能。

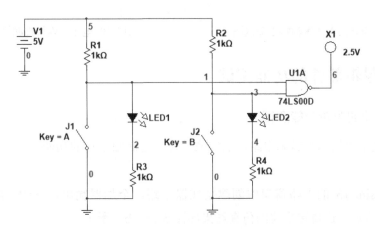

图 5-8 逻辑门测试电路

━━━━━━━━━━━━━━━ ◆ 任务分析 ◆ ━━━━━━━━━━━━━━━

本任务用到的主要元器件有 74LS00D 集成电路一块、发光二极管两个、灯泡一个。

━━━━━━━━━━━━━━━ ◆ 相关知识 ◆ ━━━━━━━━━━━━━━━

一、TTL 与非门的电压传输特性测试

■▟■ 特别提示

与非门是双极型 TTL 逻辑的基本门电路，所有其他类型的门电路都是由它衍化而来的。

电压传输特性是指电路的输出电压与输入电压的函数关系。在 TTL 与非门两输入端加同一个直流电压源，如图 5-9 所示。在 Multisim 13 平台上对输入的直流电压源进行直流参数扫描分析，就可以得到电压传输特性曲线，如图 5-10 所示。

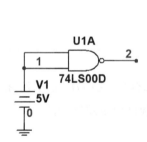

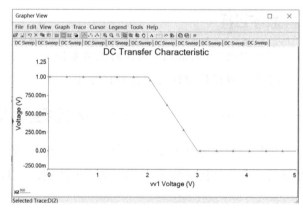

图 5-9　TTL 与非门电压传输特性测试图　　　　图 5-10　电压传输特性曲线

二、组合逻辑部件的功能测试

1. 全加器的逻辑功能测试

全加器是常用的算术运算电路，能完成一位二进制数全加的功能。它的功能测试过程如下。

在 Multisim 13 的电路窗口中创建全加器电路。全加器输出端 SUM 的测试电路如图 5-11 （a）所示，逻辑转换仪的仿真结果如图 5-11 （b）所示。

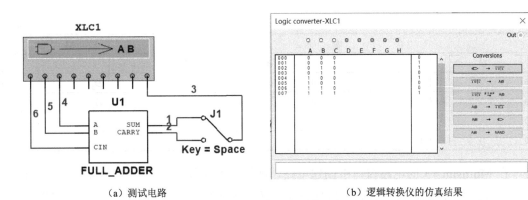

（a）测试电路　　　　　　　　　　（b）逻辑转换仪的仿真结果

图 5-11　全加器输出端 SUM 的测试

通过逻辑转换仪可以得到全加器输出端 SUM 的真值表和逻辑表达式。同理，全加器输出端 CARRY 的测试电路和逻辑转换仪的仿真结果分别如图 5-12（a）和图 5-12（b）所示。

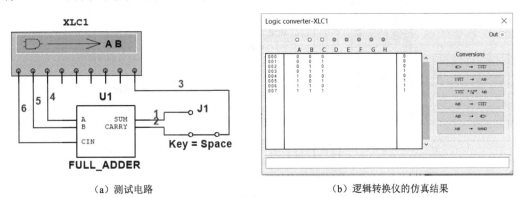

（a）测试电路　　　　　　　　　　（b）逻辑转换仪的仿真结果

图 5-12　全加器输出端 CARRY 的测试

2．多路选择器功能测试

在多路数据传送过程中，有时需要将多路数据中的任一路信号挑选出来传送到公共数据线上去，完成这种功能的逻辑电路称为数据选择器。74LS151D 是八选一数据选择器，其功能测试如下所述。

74LS151D 数据选择器真值表如表 5-1 所示。

表 5-1　74LS151D 数据选择器真值表

输　入				输　出
G	C	B	A	Y
1	×	×	×	1
0	0	0	0	D_0
0	0	0	1	D_1
0	0	1	0	D_2
0	0	1	1	D_3

续表

输 入				输 出
G	C	B	A	Y
0	1	0	0	D_4
0	1	0	1	D_5
0	1	1	0	D_6
0	1	1	1	D_7

在 Multisim 13 的电路窗口中创建电路，如图 5-13 所示。设置字信号发生器，通过改变开关 A、B、C 的连接方式就可以选择相应的输入通道（图 5-13 中选择了 D2 通道）。启动仿真，多路选择器的工作波形如图 5-14 所示。

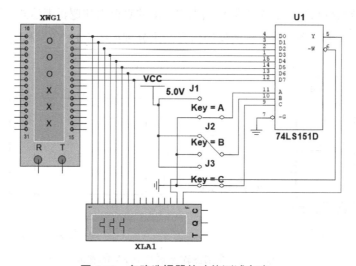

图 5-13　多路选择器的功能测试电路

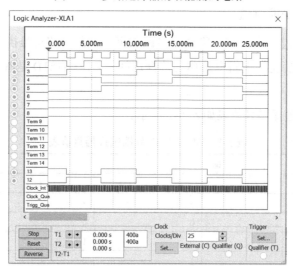

图 5-14　多路选择器的工作波形

3．编码器的功能测试

所谓编码，就是在选定的一系列二进制数码中，赋予每个二进制数码某一固定的含义。74LS148D 是 8 线–3 线编码器，其功能测试如下所述。

741LS148D 编码器的真值表如表 5-2 所示。

表 5-2　74LS148D 编码器的真值表

输　入									输　出				
EI	D_7	D_6	D_5	D_4	D_3	D_2	D_1	D_0	A_2	A_1	A_0	EO	GS
1	×	×	×	×	×	×	×	×	1	1	1	1	1
0	1	1	1	1	1	1	1	1	1	1	1	0	1
0	1	1	1	1	1	1	1	0	1	1	1	1	0
0	1	1	1	1	1	1	0	1	1	1	0	1	0
0	1	1	1	1	1	0	1	1	1	0	1	1	0
0	1	1	1	1	0	1	1	1	1	0	0	1	0
0	1	1	1	0	1	1	1	1	0	1	1	1	0
0	1	1	0	1	1	1	1	1	0	1	0	1	0
0	1	0	1	1	1	1	1	1	0	0	1	1	0
0	0	1	1	1	1	1	1	1	0	0	0	1	0

在 Multisim 13 的电路窗口中创建电路，如图 5-15 所示，设置字信号发生器，使其循环输出 11111110、11111101、11111011、…10111111、011111111，使 8 线–3 线编码器依次选取不同的输入信号进行编码，输出编码用数码管显示。

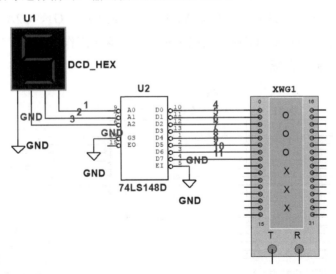

图 5-15　编码器的功能测试电路

启动仿真，可观察到数码管依次循环显示 7、6、5、4、3、2、1、0、7、6、…。

4. 译码器的功能测试

译码器是在数字组合逻辑电路设计中被广泛使用的元件,可以把一组二进制代码翻译成特定的信号。例如,常用的地址译码器就是通过译码器把计算机地址总线翻译成各个端口地址,计算机才能知道读/写哪个端口地址,下面通过对 74LS138D 译码器的仿真分析了解译码器的工作原理和使用方法。

74LS138D 译码器的真值表如表 5-3 所示。

表 5-3　74LS138D 译码器的真值表

输　　入					输　　出							
G_1	G2A+G2B	C	B	A	Y_0	Y_1	Y_2	Y_3	Y_4	Y_5	Y_6	Y_7
0	×	×	×	×	1	1	1	1	1	1	1	1
×	1	×	×	×	1	1	1	1	1	1	1	1
1	0	0	0	0	0	1	1	1	1	1	1	1
1	0	0	0	1	1	0	1	1	1	1	1	1
1	0	0	1	0	1	1	0	1	1	1	1	1
1	0	0	1	1	1	1	1	0	1	1	1	1
1	0	1	0	0	1	1	1	1	0	1	1	1
1	0	1	0	1	1	1	1	1	1	0	1	1
1	0	1	1	0	1	1	1	1	1	1	0	1
1	0	1	1	1	1	1	1	1	1	1	1	0

首先建立如图 5-16 所示的译码器的功能测试电路,该电路有一块 74LS138D 译码芯片,其逻辑符号如图 5-16 所示。其中,A、B、C 是输入端,G1、G2A、G2B 是控制端,只有当 G1 为高电平,G2A、G2B 为低电平时,译码器才工作。Y0～Y7 是输出端,外接逻辑转换仪,观察输出情况。

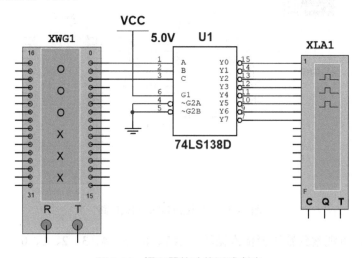

图 5-16　译码器的功能测试电路

◆ **任务实施** ◆

在 Multisim 13 的电路窗口中创建电路，如图 5-8 所示。输入端的电平用发光二极管（LED1、LED2）指示，输出端的电平用灯泡（X1）指示，通过控制开关 J1 和 J2 就可以验证该电路的功能。

■■■ **拓展阅读**

时序逻辑部件的功能测试

1. D 触发器的功能测试

D 触发器是时序逻辑电路的基本单元，它能存储一位二进制数码，即具有记忆能力。

D 触发器的特性方程：$Q^{n+1}=D$。

在 Multisim 13 的电路窗口中创建电路，如图 5-17 所示。

设置字信号发生器后，启动仿真，D 触发器的输出波形如图 5-18 所示。可见，逻辑分析仪显示 D 触发器的 Q 输出端与 D 输入端相同，$-Q$ 输出端则与 D 输入端相反。

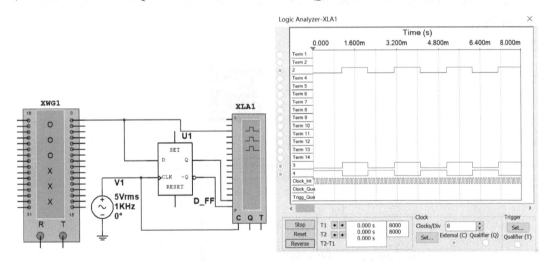

图 5-17　D 触发器的功能测试电路　　　　图 5-18　D 触发器的输出波形

D 触发器的功能还可以用如图 5-19 所示的 D 触发器的功能仿真电路进行仿真。3 个发光二极管分别指示输入、输出和时钟信号的电平高低；开关 J1 通过闭合、断开向 D 触发器提供时钟信号；开关 J2 通过断开、闭合向 D 触发器提供高、低电平的输入信号。启动仿真，电路的输出信号只取决于开关 J2 的状态。要想改变 LED3 的状态，必须在改变开关 J2 的状态后，再改变开关 J1 的状态，以向 D 触发器提供一个时钟脉冲，新的数据将被存储到 D 触发器中。

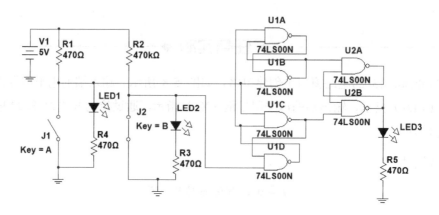

图 5-19　D 触发器的功能仿真电路

2. 集成计数器的功能测试

集成计数器也是数字系统中的基本数字部件，能完成脉冲个数的计数。74160N 是同步十进制计数器（上升沿触发），它的功能测试如下所述。

在 Multisim 13 的电路窗口中创建电路，如图 5-20 所示。启动仿真，通过逻辑分析仪显示波形及数码管的状态可以验证 74160N 的逻辑功能。其中，逻辑分析仪的显示波形如图 5-21 所示。

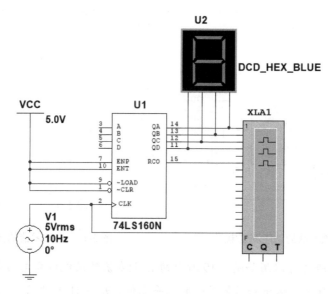

图 5-20　74160N 逻辑功能的测试电路

3. 移位寄存器的功能测试

74LS194D 是四位双向移位寄存器，它由 4 个 RS 触发器和若干个门电路组成，具有并行输入、并行输出、串行输入、串行输出、左右移位、保持存数和直接清除等功能，采用上升沿触发。

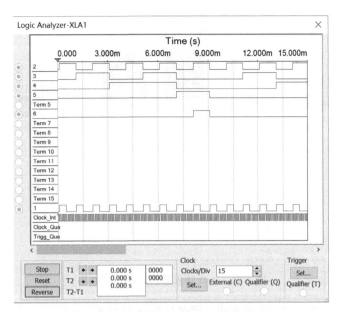

图 5-21 逻辑分析仪的显示波形

在 Multisim 13 的电路窗口中创建电路，如图 5-22 所示，启动仿真，改变开关 S1～S9 的状态，观察输出探灯的明暗情况，即可验证 74LS194D 的功能。

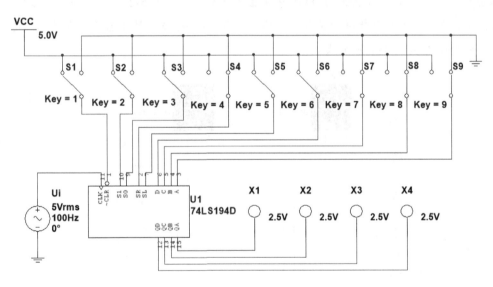

图 5-22 74LS194D 移位寄存器的功能测试电路

4. A/D 与 D/A 功能测试

A/D 与 D/A 转换电路是数字系统的接口电路，Multisim 13 仿真软件中只有一种 A/D 转化电路可以将输入的模拟信号转化为 8 位数字量的输出，如图 5-23 所示。

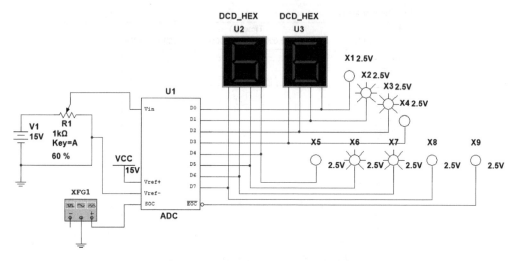

图 5-23　A/D 转换器的功能测试电路

　　启动仿真，改变电位器 R1 的大小，即改变输入模拟量，在仿真电路中就可以观察到输出端的数字信号的变化。

　　Multisim 13 仿真软件中有两种 D/A 转换电路：一种是电流型 DAC（IDAC）；另一种是电压型 DAC（VDAC）。VDAC 型 D/A 转换器的仿真电路如图 5-24 所示。其中，$D_0 \sim D_7$ 是 8 位数字量输入，用两个数码管显示输入的数字量，U_1 是 D/A 转换器的基准电压。通过电压表可以观察 D/A 转换电压的大小。

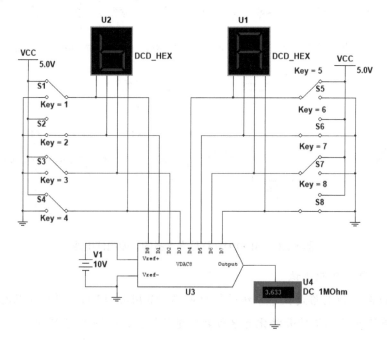

图 5-24　VDAC 型 D/A 转换器的仿真电路

思考与练习

对如图 5-25 所示的门电路进行仿真和测试，说明输入/输出信号的逻辑表达式并画出真值表。

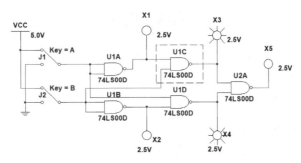

图 5-25　门电路

 # 任务 5.3　组合逻辑电路的仿真设计

教学目标

（1）熟悉 Multisim 13 软件的使用方法。

（2）了解编码器、译码器和数码管的逻辑功能。

（3）熟悉 74LS148D 等集成电路各引脚的功能。

（4）掌握数字电路逻辑关系的检测方法。

◆ 任务引入 ◆

一位全加器电路的仿真电路如图 5-26 所示。试利用逻辑转换仪对电路进行仿真分析，验证一位全加器电路的功能。

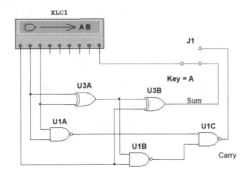

图 5-26　一位全加器电路的仿真电路

◆ 任务分析 ◆

本任务用到的虚拟仪器有逻辑转换仪。

◆ 相关知识 ◆

组合逻辑电路在任何时刻的输出仅取决于该时刻的输入信号，而与这一时刻前电路的状态没有任何关系，其特点如下。

（1）功能与时间因数无关。

（2）无记忆元件，没有记忆能力。

（3）无反馈支路，输出为输入的单值函数。

■▪▫ 特别提示

常用的组合逻辑模块有编码器、译码器、全加器、数据选择/分配器、数值比较器、奇偶检验电路及一些算术运算电路。一般来说，使用数据选择器实现单输出函数比较方便，使用译码器和附加逻辑门实现多输出函数比较方便；对于一些具有某些特点的逻辑函数，如逻辑函数，其输出为输入信号相加，则采用全加器实现比较方便。

一、利用四位全加器实现四位数据相加

在 Multisim 13 的电路窗口中创建四位数据电路，如图 5-27 所示。通过开关 J1～J8 分别设置两个四位 8421BCD 码输入，通过数码管观察电路对任意两个 8421BCD 码相加后的输出。

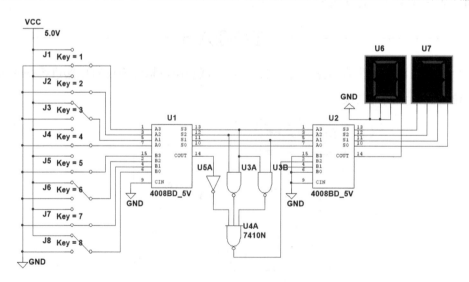

图 5-27　用全加器实现两个四位 8421BCD 码加法电路

二、编码器的扩展

编码器在实际应用中经常需要对多路信号进行编码，若没有合适的芯片，就要对已有的编码器进行扩展。例如，由两片 8 线-3 线优先编码器扩展为 16 线-4 线优先编码器，如图 5-28 所示。

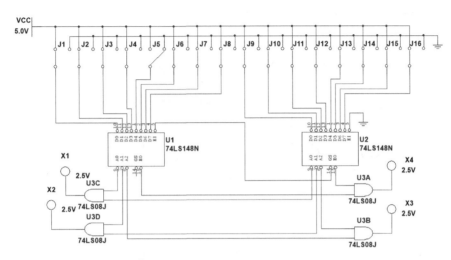

图 5-28　编码器功能扩展的仿真电路

■■■ 特别提示

8 线-3 线优先编码器扩展为 16 线-4 线优先编码器的输出是低电平有效，由开关 J1～J16 向编码器提供输入信号，编码器的输出状态由探灯 X1、X2、X3 和 X4 表示。启动仿真，就可以验证编码器的功能。

三、用译码器实现一位全加器

在 Multisim 13 电路窗口中，创建如图 5-29 所示的用译码器实现的全加器电路，启动仿真开关，观察全加器电路的输出，就可以验证电路的功能。

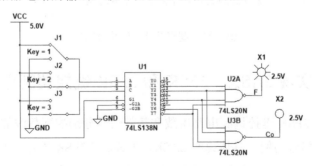

图 5-29　用译码器实现的全加器电路

四、用数据选择器实现逻辑函数

在 Multisim 13 的电路窗口中创建电路,如图 5-30 所示,启动仿真,观察该电路的输出,由逻辑转换仪得到真值表和逻辑表达式,如图 5-31 所示。

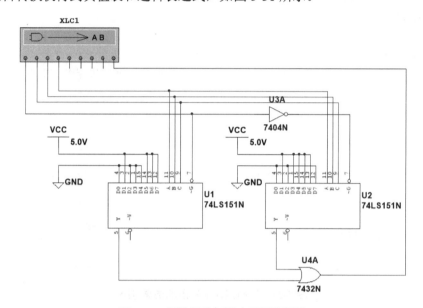

图 5-30　用数据选择器实现逻辑函数

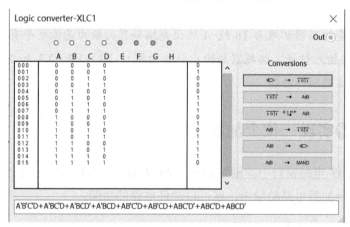

图 5-31　逻辑转换仪的仿真结果

五、用门电路实现 2ASK、2FSK 和 2PSK 键控调制电路

2ASK、2FSK、2PSK 键控调制电路用数字基带信号分别控制载波的幅度、频率和相位。下面以载波为方波信号为例,具体说明 2ASK、2FSK 和 2PSK 键控调制电路的仿真。

1. 用门电路实现的 2ASK 键控调制电路

用门电路实现的 2ASK 键控调制电路如图 5-32 所示。用 XFG1 信号发生器产生基带信号，用 XFG2 信号发生器产生周期方波信号，将与门 7408N 作为键控开关。2ASK 键控调制电路的输入与输出波形如图 5-33 所示，图 5-33 上方的 A 通道为基带信号，下方的 B 通道为输出波形 2ASK 键控调制波形。

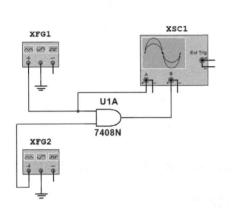
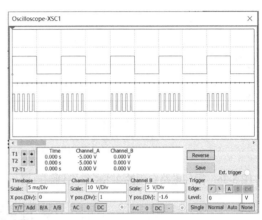

图 5-32　用门电路实现的 2ASK 键控调制电路　　图 5-33 2ASK 键控调制电路的输入与输出波形

2. 用门电路实现的 2FSK 键控调制电路

用门电路实现的 2FSK 键控调制电路如图 5-34 所示。

XPG3 信号发生器输出基带信号，XFG1 信号发生器作为时钟源 1，XFG2 信号发生器作为时钟源 2，与门 7408N 的 U1A 和 U1B 作为键控开关，2FSK 键控调制电路的输入与输出波形如图 5-35 所示。

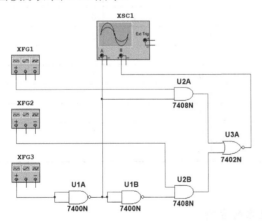
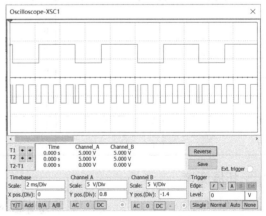

图 5-34　用门电路实现的 2FSK 键控调制电路　　图 5-35　2FSK 键控调制电路的输入与输出波形

3. 用门电路实现的 2PSK 键控调制电路

对于二进制 PSK，用 "0" 码代表载波相位 "π"，用 "1" 码代表载波相位 "0"。用门电路实现的 2PSK 键控调制电路如图 5-36 所示。

用 XFG2 信号发生器输出基带信号，将 XFG1 信号发生器作为振荡信号源，将与门 7408N 的 U1A 作为键控开关，2PSK 键控调制电路的输入与输出波形如图 5-37 所示。

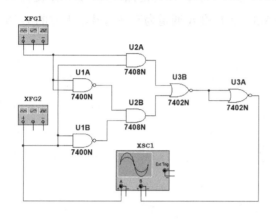

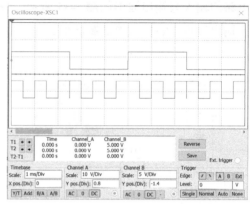

图 5-36　用门电路实现的 2PSK 键控调制电路　　图 5-37 2PSK 键控调制电路的输入与输出波形

◆ **任务实施** ◆

在 Multisim 13 的电路窗口中创建由门电路组成的一位全加器电路，如图 5-26 所示。利用逻辑转换仪对该电路进行仿真分析，就可以验证一位全加器的功能，并与表 5-4 所示的一位全加器真值表相比较。

表 5-4　一位全加器真值表

输　　入			输　　出	
A	B	C	S	C_0
0	0	0	0	0
0	1	0	1	0
1	0	0	1	0
1	1	0	0	1
0	0	1	1	0
0	1	1	0	1
1	0	1	0	1
1	1	1	1	1

■■■ **拓展阅读**

静态冒险现象的分析

在组合电路中，如果输入信号变化前后稳定输出，而在转换的瞬间出现一些不正确的尖峰信号，那么称其为静态冒险。在组合电路中，静态 0 冒险是指 $F=A+\overline{A}$，理论上，输出应恒为 1，而实际上，输出有 0 的跳变现象（毛刺），这种静态冒险称为静态 0 冒险；静态 1 冒险是指 $F=A \cdot \overline{A}$，理论上，输出应一直为 0，但实际上，输出有 1 的跳变现象（毛刺），这种静态冒险称为静态 1 冒险。

1. 静态 0 冒险

静态 0 冒险仿真电路如图 5-38 所示。

静态 0 冒险仿真电路的输入与输出波形如图 5-39 所示。其中，A 通道是输入波形，B 通道是输出波形。为了观察方便，将 A 通道向上移动 0.2 格，将 B 通道向下移动 1.4 格。从图 5-39 中可见，输出波形出现毛刺现象，与理论分析一致。

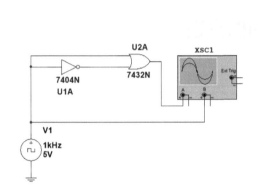

图 5-38　静态 0 冒险仿真电路

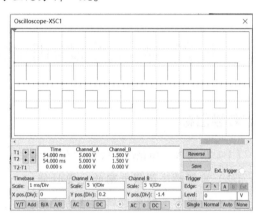

图 5-39　静态 0 冒险仿真电路的输入与输出波形

2. 静态 1 冒险

静态 1 冒险仿真电路如图 5-40 所示。

静态 1 冒险仿真电路的输入与输出波形如图 5-41 所示。其中，A 通道是输入波形，B 通道是输出波形。为了观察方便，将 A 通道向下移动 1.2 格，将 B 通道向上移动 0.6 格。从图 5-41 中可见，输出波形出现毛刺现象，与理论分析一致。

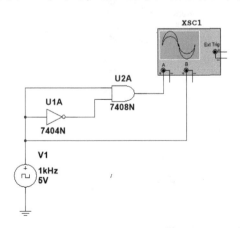

图 5-40　静态 1 冒险仿真电路

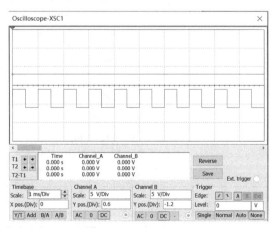

图 5-41　静态 1 冒险仿真电路的输入与输出波形

思考与练习

1．在 Multisim 13 的电路窗口中创建由两片 74LS148 构成的 16 线-4 线优先编码器，并用二极管显示编码结果。

2．在 Multisim 13 的电路窗口中创建能实现 8421BCD 编码的电路进行仿真，并用数码管显示编码结果。

3．在 Multisim 13 的电路窗口中创建由两块 74LS138 芯片构成的 4 线-16 线译码器，并用数码管显示译码结果。

任务 5.4　时序逻辑电路的仿真设计

教学目标

（1）熟悉 Multisim 13 软件的使用方法。

（2）掌握时序逻辑电路的主要性能。

（3）了解常见时序逻辑电路的应用。

◆ 任务引入 ◆

智力竞赛抢答器电路能识别出四位数据中第一位到来的数据，而不再对随后到来的其他数据响应。至于哪一位数据到来，则可从 LED 指示中看出来。试在 Multisim 13 的电路窗口中创建智力竞赛抢答器仿真电路，如图 5-42 所示。

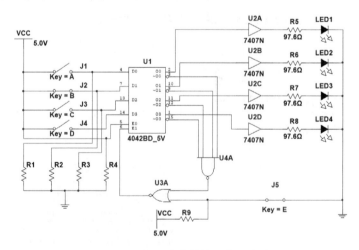

图 5-42　智力竞赛抢答器仿真电路

◆ **任务分析** ◆

电路工作时，U1 的极性端 E0（CPL）处于高电平，E1（CP）端由 $\overline{Q}_0 \sim \overline{Q}_3$ 复位开关产生的信号决定。

◆ **相关知识** ◆

■▉■ **特别提示**

数字电路除了组合逻辑电路，还包括时序逻辑电路。时序逻辑电路的输出状态不仅和输入有关，还与系统原先的状态有关。时序逻辑电路常用的基本单元和电路是计数器和触发器，本节就以一些典型的计数器和触发器为例，主要利用 Multisim 13 仿真软件对常用的时序逻辑电路进行仿真分析。

一、计数器的设计与仿真

计数器在数字电路设计中得到了广泛应用，是构成时序逻辑电路的基本电路，包括二进制、八进制、十进制、二十四进制和六十进制的计数器等。下面通过一些典型应用说明计数器的工作原理和设计方法。

1．模 7 计数器设计

在 Multisim 13 的电路窗口中创建模 7 计数器的仿真电路，如图 5-43 所示。

正常工作时，ENT、ENP 和 CLR 应始终为 1，当 $Q_C Q_A$=11 时，LOAD 从 1 变为 0，将 DCBA 的值 1001 置给 $Q_D Q_C Q_B Q_A$，则 LOAD=$Q_C \times Q_A$。当 $Q_D Q_C Q_B Q_A$ 从 0000 开始计数到 0101 时，对 LOAD 置 0，在下一个脉冲（第 6 个脉冲）的上升沿将事先预备的 $Q_D Q_C Q_B Q_A$ 的值（1001）置给 $Q_D Q_C Q_B Q_A$，在下一个脉冲（第 7 个脉冲）的上升沿实现进位功能，同时计数器回到 $Q_D Q_C Q_B Q_A$=0000，重新开始计数。由于上升沿被触发，每输入 7 个时钟脉冲就输出 1 个进位脉冲。用逻辑分析仪观测 $Q_D Q_C Q_B Q_A$、进位输出 RCO 和时钟脉冲，如图 5-44 所示。

2．十进制计数器设计

■▉■ **特别提示**

常用的集成十进制同步计数器有 74HC162（同步清零）、74HC160（异步清零）、集成二进制四位计数器 74HC61（异步清零）和 74HC163（同步清零）。它们依靠时钟脉冲的上升沿触发，其中，A、B、C、D 为预先设置的初始值，当 LOAD 端为低电平时，初始值有效；CLR 为清零端，低电平有效；RCO 为进位端，当输出全为 1 时，RCO 为高电平。

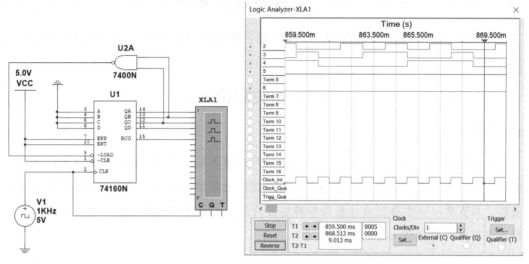

图 5-43　用 74160N 实现模 7 计数器的仿真电路　　　图 5-44　模 7 计数器的输出时序

下面采用 74HC162 来创建一个十进制同步计数器，如图 5-45 所示。

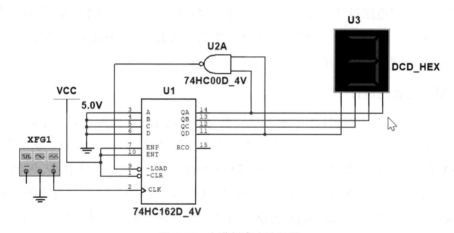

图 5-45　十进制同步计数器

令 $A=B=C=D=0$，表示从零开始计数，用函数信号发生器产生 50Hz、5V 的脉冲来模拟时钟脉冲，用一个与非门产生进位脉冲。激活电路，数码管从 0 到 9 循环显示，改变与非门 U2A 的输入可以构建其他进制的计数器。

3．六十进制计数器的设计

下面通过两块 7490N 集成计数器芯片构建一个六十进制计数器，创建电路，如图 5-46 所示。

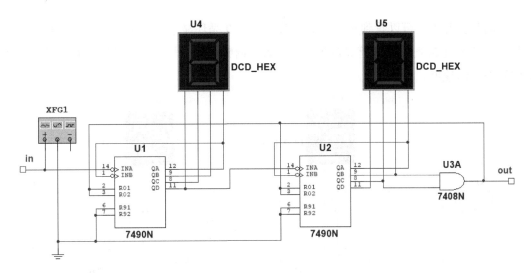

图 5-46　六十进制计数器

六十进制计数器的芯片是二-五进制异步计数器芯片，其逻辑符号如图 5-46 中的 U1 和 U2 所示，其中，INA 是时钟脉冲输入端，与 QA 组成二进制计数器；INB 也是时钟脉冲输入端，与 QA、QB、QC、QD 组成五进制计数器；R01、R02 是异步清零控制端，高电平有效；R91、R92 是置位端，如果为高电平则把初始值置为 9。

■▪■ **特别提示**

六十进制计数器包括两个数码管：一个显示个位（左边的数码管）；另一个显示十位（右边的数码管）。个位用十进制计数器，十位用六进制计数器，因此可以用两片 7490N 实现六十进制计数器的功能。

启动仿真开关后，左边的数码管从 0 至 9 循环显示，逢十进位到右边的数码管，右边的数码管显示十位，当达到 60 时，数码管又从 0 开始显示，从而实现了六十进制计数器的功能。

4．二十四进制计数器设计

二十四进制计数器的设计和六十进制计数器类似，二十四进制计数器如图 5-47 所示。分别用两个数码管显示，一个显示个位，一个显示十位。个位用十进制计数器，十位用二进制计数器，因此用两片 7490N 可以实现二十四进制计数器的功能。

在图 5-47 中，U1 的接法实现的是一个十进制计数器，U2 的接法实现的是一个二进制计数器。当计数到 24 时，开始清零并重新计数。其中，"4" 对应 U1 中的 Q_C=1，即 0100（十进制数为 4），"2" 对应 U2 中的 Q_B=1，即 0010（十进制数为 2），当这两个端子同时为 1 时，说明计数到了 24，使 U1 和 U2 的 R01 和 R02 同为高电平，同时置零，重新开始计数。

启动仿真开关，可以看到左边的数码管从 0 至 9 循环显示，右边的数码管从 0 至 2 循环显示，当达到 24 时，数码管又从零开始计数。调整函数信号发生器的输出频率可以改变数码管的显示速度。

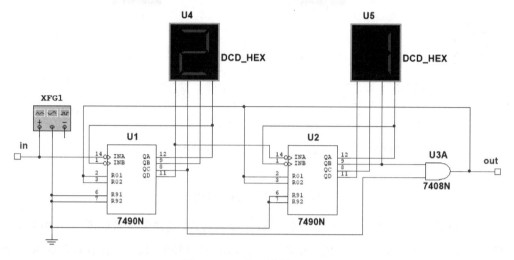

图 5-47　二十四进制计数器

二、程序计数分频器

■■■ 特别提示

分频器的作用是改变时钟脉冲的频率，当需要某个特定的时钟频率时，往往采用分频器来实现，分频电路实际上是计数器。如果要使用十分频，那么就需要十进制计数器；如果使用二分频，那么就需要二进制计数器。

1. 八分频电路

程序计数分频器是模值可以改变的计数器。利用移位存储器和译码器可以构成程序计数器，如 74LS138N（3 线-8 线译码器）和 74LS195N（四位移位寄存器）可以构成模值范围为 2～8 的程序计数分频器，如图 5-48 所示。

通过译码器将所需的分频比 CBA 译成 8 位二进制数 $Y_7Y_6Y_5Y_4Y_3Y_2Y_1Y_0$，其中只有一位 Y_i 为 0，与其他 7 位不同，它代表译码器输入的分频比。再通过两片 4 位移位寄存器对带有分频比信息的二进制数 $Y_7Y_6Y_5Y_4Y_3Y_2Y_1Y_0$ 进行移位，当 Y_i 被移到 Q_3 输出时，说明输出开始变化，产生下降沿；在下一个脉冲来时输出又回到原来的高电平，产生一个负脉冲，说明 Y_i 被移到 Q_3 电路，已实现所需的分频，故通过（SH/$\overline{\text{LD}}$）让两片四位移位寄存器重新置数，开始移位循环。当 CBA 输入 111（8 分频）时，观察时钟（CP）、输出 QD 和 $\overline{\text{QD}}$ 的时序，如图 5-49 所示。

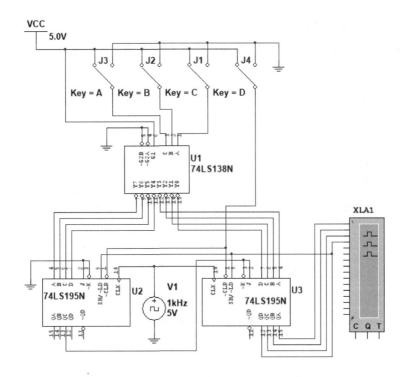

图 5-48　程序计数分频器的仿真电路

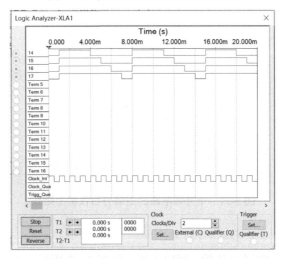

图 5-49　CBA 为 111 时的时序

2．十分频电路

首先创建十分频电路，如图 5-50 所示，该电路由 3 个十进制计数器构成，当 U1 计数到 10 时，QD 产生输出脉冲，其频率和输入信号的频率相差 10 倍，再通过将 QD 输入 U2，U2 的 QD 端输出的脉冲频率比输入信号又降低了 90%，连接到 U3 时再降低 90%，因此该电路最终可实现 1/1000 的分频。

下面通过仿真来验证分析结果。

将图 5-50 中的三路输出信号接到逻辑分析仪的输入端，双击逻辑分析仪，得到十分频电路的波形，如图 5-51 所示。

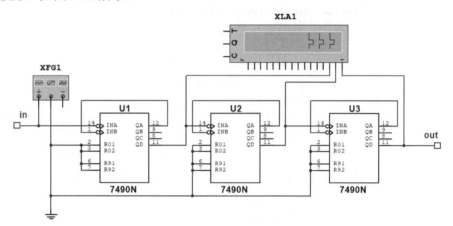

图 5-50　十分频电路

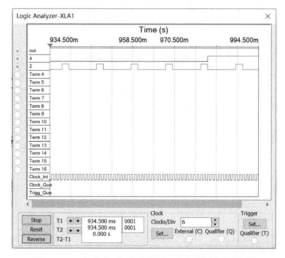

图 5-51　十分频电路的逻辑分析仪输出结果

3．二分频电路

下面采用 74HC160 实现二分频，创建电路，如图 5-52 所示，该电路实际上是一个四位二进制计数器，每输入一个时钟，脉冲计数器加 1，输入时钟和 QA、QB、QC、QD 的频率依次相差 2 倍。

启动电路，双击逻辑分析仪，得到结果，如图 5-53 所示。

从图 5-53 中可以看出，输入时钟和 QA、QB、QC、QD 的频率依次相差 2 倍。因此利用该电路可以得到 2 倍的分频，如果要得到更大的分频倍数，可以采用多片 74HC160 级联。

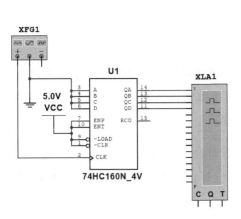

图 5-52　二分频电路

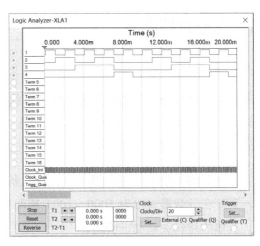

图 5-53　二分频电路的逻辑分析仪输出结果

三、序列信号发生器

在数字系统中经常需要一些序列信号，即按一定的规则排列的 1 和 0 的周期序列，产生序列信号的电路称为序列信号发生器。序列信号发生器可以利用计数器和组合逻辑电路来实现。例如，要实现一个 01101001010001 的序列信号发生器，根据序列长度选用一个十四进制计数器加上数据选择器即可实现。利用一个四位十六进制计数器（74163N），当计数器的输出为 1101 时产生复位信号，这样就构成了一个十四进制计数器，同时，计数器的输出端和数据选择器的地址端相连，并且把预产生的序列按一定顺序加在数据选择器的输入端，这样数据选择器的输出即为所需的序列。

在 Multisim 13 的电路窗口中创建序列信号发生器的仿真电路，如图 5-54 所示。

用逻辑分析仪观察输入时钟和输出序列，如图 5-55 所示。

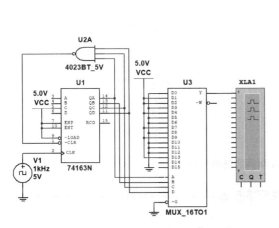

图 5-54　序列信号发生器的仿真电路

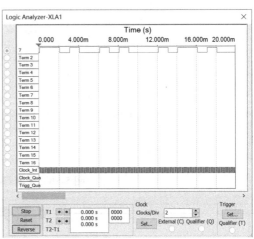

图 5-55　序列信号发生器的输入时钟和输出序列

四、交通灯控制器

■■■ 特别提示

可以通过时序逻辑电路来实现交通灯控制器，该电路使用一个时钟频率为 0.5Hz 的四位计数器。假设绿灯亮 16s，然后黄灯亮 4s，接着红灯亮 12s，当计数器溢出（输出的 $Q_D Q_C Q_B Q_A$ 从 1111 变到 0000）时，红灯灭，绿灯亮。

根据时钟周期可以写出每个灯打开的条件。绿灯在计数器输出为 0000～0111 期间打开，黄灯在计数器输出为 1000～1001 期间打开，红灯在计数器输出为 1010～1111 期间打开。具体的逻辑关系如下所述。

$$Green=\overline{Q_D}$$
$$Yellow=Q_D \times \overline{Q_C} \times \overline{Q_B}=Q_D \times \overline{Q_C+Q_B}$$
$$Red=Q_D(Q_B+Q_C)$$

在实际应用中，还需要一组与之垂直的交通灯来与之共同完成交通指示，其逻辑关系如下所述。

$$Green=Q_D$$
$$Yellow=\overline{Q_D} \times \overline{Q_C} \times \overline{Q_B}=\overline{Q_D} \times \overline{Q_C+Q_B}$$
$$Red=\overline{Q_D}(Q_B+Q_C)$$

在 Multisim 13 的电路窗口中创建如图 5-56 所示的交通灯控制器的仿真电路。启动仿真，通过观察指示灯的变化可以验证交通灯控制器的功能。

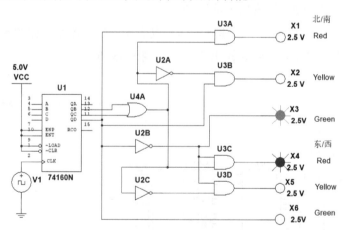

图 5-56 交通灯控制器的仿真电路

◆ **任务实施** ◆

电路工作时，U1 的极性端 E0（CPL）处于高电平，E1（CP）端由 $\overline{Q0} \sim \overline{Q3}$ 复位开关

产生的信号决定。当复位开关 J5 断开时，由于 J1～J4 均为断开状态，D_0～D_3 均为低电平状态，所以 $\overline{Q_0}$～$\overline{Q_3}$ 为高电平，CP 端为低电平，锁存了前一次工作阶段的数据。新的工作阶段开始，复位开关 J5 闭合，U2A 的一个输入端接地，为低电平，U4A 的输出端也为低电平。所以 E1 端为高电平状态。以后，E1 端的状态完全由 U4A 的输出端决定。一旦数据开关（J1～J4）中有一个闭合，则 Q_0～Q_3 中必有一端最先处于高电平状态，相应的 LED 被点亮，从而指示出第一信号的位数。同时 U4A 的输出端为高电平，迫使 E1 为低电平状态，在 CP 脉冲下降沿的作用下，第一位被锁存，电路便不再对以后的信号响应。

思考与练习

1．用 74HC160 设计一个六进制计数器，用逻辑分析仪和逻辑转换仪分别对设计结果进行仿真验证。

2．用逻辑转换仪对如图 5-57 所示的计数器传真练习电路进行分析，说明它是一个几进制计数器。

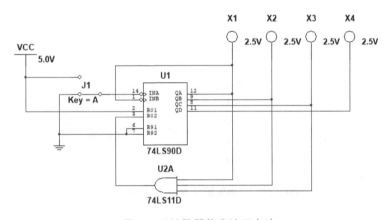

图 5-57 计数器仿真练习电路

3．在 Multisim 13 的电路窗口中创建由两片 74LS192 和一片 74LS10 构成的同步二进制计数器，并对电路进行仿真。

4．在 Multisim 13 的电路窗口中利用同步十进制计数器 74LS160 设计以下计数器。

（1）试用置零法设计一个七进制计数器。

（2）试用置数法设计一个五进制计数器，并对电路进行仿真。

5．在 Multisim 13 的电路窗口中创建由 3 片 CC40192 构成的 401 进制计数器，并对电路进行仿真。

6．在 Multisim 13 的电路窗口中设计一个能自启动的四位环形计数器，有效循环状态为 0010-1010-1011-1001，并显示仿真结果。

任务 5.5   A/D 转换电路的仿真设计

（1）熟悉 Multisim 13 软件的使用方法。

（2）了解 A/D 转换的原理。

◆ 任务引入 ◆

在 Multisim 13 的电路窗口中创建如图 5-58 所示的权电阻网络 DAC 的仿真电路。当输入信号为高电平（为 1）时，开关接参考电压源（Vref），试进行仿真分析。

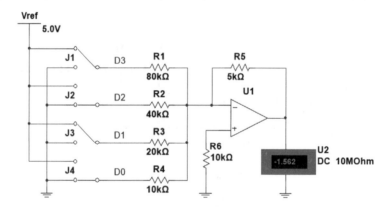

图 5-58   权电阻网络 DAC 的仿真电路

◆ 任务分析 ◆

权电阻网络 DAC 的转换精度差，其精度取决于基准电压、模拟电子开关、运算放大器和各权电阻阻值的精度；各权电阻的阻值相差大，当位数多时，很难保证精度。

◆ 相关知识 ◆

■▪■ 特别提示

数模转换电路（DAC）能够将数字信号转换为模拟信号。数模转换电路主要由数字寄存器、模拟电子开关、参考电源和电阻解码网络组成。数字寄存器用于储存各位数码，各位数码分别控制对应的模拟电子开关，使数码为 1 的位在位权网络（在电阻解码网络中）

上产生与其权位成正比的电流值，再由运算放大器（在电阻解码网络中）对各电流值求和，并将其转换成电压值。

根据位权网络的不同可以构成不同类型的 DAC，如权加电阻网络 DAC、R-2R 的 T 形电阻网络 DAC 和单值电流型网络 DAC 等。

一、R-2R T 形电阻网络 DAC

R-2R T 形电阻网络 DAC 的仿真电路如图 5-59 所示。其中，$R_1=R_f=R$，$R_2=R_3=R_4=R_5=R$，$R_9=R_6=R_7=R_8=R_{10}=2R$。

模拟输出量 V_o 与输入数字量 D 的关系为

$$V_o = -\frac{R_f}{3R} \times \frac{V_{CC}}{2^4} \times \sum_{i=0}^{3} D_i \times 2^i = -\frac{V_{CC}}{3 \times 2^4} \times \sum_{i=0}^{3}(D_i \times 2^i)$$

当 $D_3D_2D_1D_0$=0101 时，通过 Multisim 13 仿真软件仿真可知，通过电压表读取的输出电压值为-1V，与理论计算值-0.5208V 基本一致。

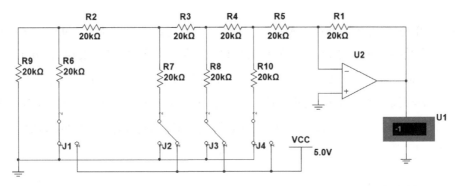

图 5-59　R-2R T 形电阻网络 DAC 的仿真电路

二、R-2R 倒 T 形电阻网络 DAC

在 Multisim 13 的电路窗口中创建 R-2R 倒 T 形电阻网络 DAC 的仿真电路，如图 5-60 所示。对电路进行分析可知，模拟输出量 V_o 与输入数字量 D 的关系为

$$V_o = -\frac{V_{ref} R_f}{2^n R} \sum_{i=0}^{n-1} D_i \times 2^i$$

若取 $R_f=R$，则模拟输出量 V_o 与输入数字量 D 的关系可简化为

$$V_o = -\frac{V_{ref}}{2^n} \sum_{i=0}^{n-1} D_i \times 2^i$$

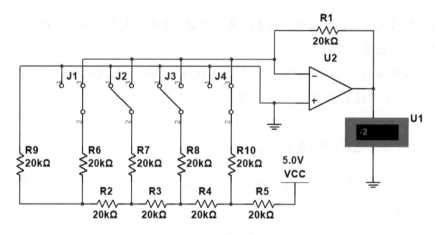

图 5-60　R-2R 倒 T 形电阻网络 DAC 的仿真电路

当输入 $D_3D_2D_1D_0$=1001 时，通过 Multisim 13 仿真软件的仿真可知，用电压表读取的输出电压值为-2V，与理论计算值-2.8125V 基本一致。

R-2R 倒 T 形电阻网络 DAC 克服了权电阻阻值大且相差大的缺点，同时，其工作速度快。

利用 R-2R 倒 T 形电阻网络 DAC 可以实现可编程任意波形发生器，如图 5-61 所示。

通过改变数字控制信号 $D_0 \sim D_7$ 的权值可以改变输出电压 V_o。如果利用 Multisim 13 仿真软件中的字信号发生器，通过编程使数字控制信号 $D_0 \sim D_7$ 按照一定的规律变化，则 DAC 的输出电压是与按一定规律变化的数字控制信号 $D_0 \sim D_7$ 相对应的波形。例如，字信号发生器产生一个周期的二进制序列，可编程任意波形发生器的输出波形如图 5-62 所示。

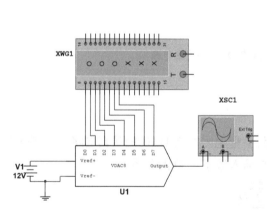
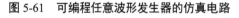

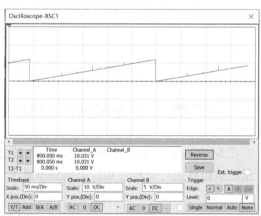

图 5-61　可编程任意波形发生器的仿真电路　　　图 5-62　可编程任意波形发生器的输出波形

三、单值电流型网络 DAC

电流型 DAC 将恒流源切换到电阻网络中，恒流源内阻大，相当于开路，对其转换精度的影响较小，还可以提高转换速率。在 Multisim 13 的电路窗口中创建四位单值电流型 DAC 的仿真电路，如图 5-63 所示。当 $D_i=1$ 时，开关 Ji 使恒流源 I 与电阻网络的对应节点接通；当 $D_i=0$ 时，开关 Ji 使恒流源接地。各恒流源的电流相同，所以称为单值电流型网络。

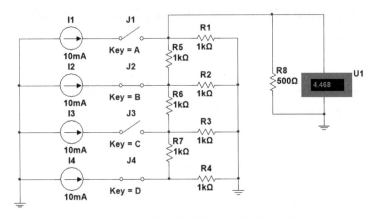

图 5-63　四位单值电流型 DAC 的仿真电路

单值电流型 DAC 的模拟输出量 V_o 与输入数字量 D 的关系为

$$V_o = -\frac{2RI}{3 \times 2^{n-1}} \sum_{i=0}^{n-1}(D_i \times 2^i)$$

若取 $R=1\text{k}\Omega$，$I=10\text{mA}$。则单输入 $D_3D_2D_1D_0=0101$ 时，通过 Multisim 13 仿真软件进行仿真，用电压表读取的输出电压值为 4.468V，与理论计算结果 4.17V 基本一致。

四、开关树型 D/A 转换器

开关树型 D/A 转换器的仿真电路如图 5-64 所示。

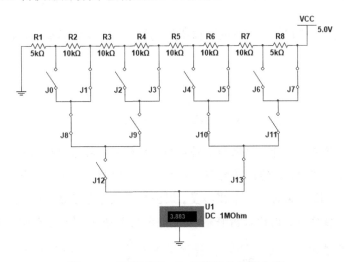

图 5-64　开关树型 D/A 转换器的仿真电路

14 个开关构成开关树，每个开关受输入的三位数码 D_2、D_1、D_0 的控制。表 5-5 列出了在 3 位输入数码不同的情况下开关的闭合情况和输出的模拟电压值。

假如输入数码 $D_2D_1D_0=101$，开关 J1、J3、J5、J7、J8、J10、J13 闭合，其余开关均断开，通过 Multisim 13 仿真软件仿真，用电压表读取的输出电压值为 3.883V，与理论计算值

$$V_o = \frac{V_{cc}}{7R} \times 4\frac{1}{2}R = \frac{9}{14}V_{cc} = 3.215V$$ 基本一致。

表 5-5　开关树型 D/A 转换器的工作情况

输 入 数 码		开　　　　关			输　　出
	D_0				V_o
	0				0
	1				$V_{cc}/14$
	0				$3V_{cc}/14$
	1				$5V_{cc}/14$
	0				$7V_{cc}/14$
	1				$9V_{cc}/14$
	0				$11V_{cc}/14$
	1				$13V_{cc}/14$

◆ 任务实施 ◆

在 Multisim 13 的电路窗口中创建如图 5-58 所示的权电阻网络 DAC 的仿真电路。对模拟电子开关，当输入的信号为高电平（1）时，开关接参考电压源（Vref）；且 $V_{ref}=-5V$，$R_1=2^3R$，$R_2=2^2R$，$R_3=2R$，$R_4=R_6=10kΩ$，$R_5=5kΩ$。

当输入=1101 时，用电压表读取的输出电压值为-4.062V，与理论计算所得出的结果

$$V_o = -\frac{V_{ref}R_5}{2^3R_4}\sum_{i=0}^{3}(D_i \times 2^i) = -4.0625V$$ 基本一致。同理，当输入 $D_3D_2D_1D_0=0001$ 时，用电压表读取的输出电压值为-0.312V，与理论计算所得的结果-0.312V 基本一致，电路实现了数模转换。

■▪■ 拓展训练

模数转换电路（ADC）

模拟信号经过取样、保持、量化和编码 4 个过程就可以转换为相应的数字信号。图 5-65 所示为三位并联比较型 ADC 的仿真电路，它主要由比较器、分压电阻链、寄存器和优先编码器 4 部分组成。向输入端输入一个模拟量，则会输出数字量 $D_2D_1D_0$，并通过数码管显示。

若输出为 n 位数字量，则比较器将输入模拟量 V_i 划分成 2^n 个量化级，并按四舍五入的方法进行量化，其量化单位 $\Delta = \frac{V_{ref}}{2^n-1}$，量化误差为 $\frac{\Delta}{2}$，量化范围为 $\left(2^n - \frac{1}{2}\right)\Delta$。当输入模

拟量超出正常范围时，输出保持 111 不变，但此时电路已"饱和"，不能正常工作。

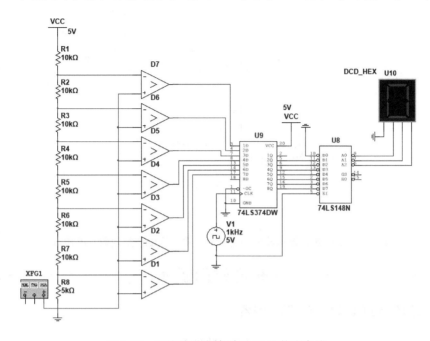

图 5-65　三位并联比较型 ADC 的仿真电路

思考与练习

在 Multisim 13 的电路窗口中创建能够测试 74LS00、74LS138、741S148、74LS153、CC4052 和 CC4096 等芯片的功能的仿真电路，并仿真验证其功能。

 任务 5.6　555 定时器的仿真设计

教学目标

（1）熟悉 Multisim 13 软件的使用方法。

（2）掌握 555 定时器的主要性能。

◆ 任务引入 ◆

用 555 定时器构成的施密特触发器（双稳态触发器）的仿真电路如图 5-66 所示，试对其进行仿真分析。

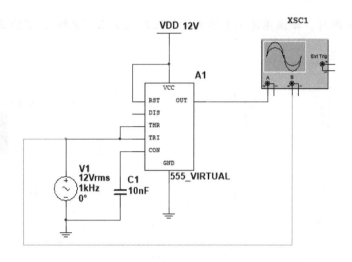

图 5-66   用 555 定时器构成的施密特触发器（双稳态触发器）的仿真电路

◆ **任务分析** ◆

本任务用到的虚拟仪器有双踪示波器。

◆ **相关知识** ◆

555 定时器是一种多用途单片集成电路，可以方便地构成施密特触发器、单稳态触发器和多谐振荡器。555 定时器因灵活方便而得到了广泛应用。

一、555 定时器构成单稳态触发器

利用 555 定时器构成单稳态触发器有两种方法：一种是通过将 555 定时器和相关器件按图 5-67 连接，即可得到单稳态触发器；另一种方法是利用 Multisim 13 提供的 555 Timer Wizard 直接生成单稳态触发器。

1. 利用 555 定时器构成单稳态触发器

用 555 定时器构成的单稳态触发器如图 5-67 所示，其中，RST 接高电平 VCC，TRI 端作为输入触发端，V_i 的下降沿被触发。将 THR 端和 DIS 端接在一起，通过将 R 连接 VCC 构成反相器，并通过电容 C 接地，这样就构成了积分型单稳态触发器，用 555 定时器构成的单稳态触发器的输入与输出波形如图 5-68 所示，其中，A 通道是输出波形，B 通道是输入波形。为观察方便，将 A 通道的波形向上移 1 格，将 B 通道的波形向下移 1.4 格。

2. 用 555 Timer Wizard 生成单稳态触发器

执行 Tools→555 Timer Wizard 命令，555 Timer Wizard 对话框提供了生成单稳态触发器

（Monostable Operation）的向导。在对话框中输入电源电压、信号源的幅度、信号源的输出下限值、信号源的频率、信号脉冲的宽度、负载 Rf 和电阻 R 的电阻值，电容 C 和电容 Cf 的值，单击 Build Circuit 按钮，即可生成所需的电路。单击 Default Setting 按钮，生成仿真电路，如图 5-69 所示。

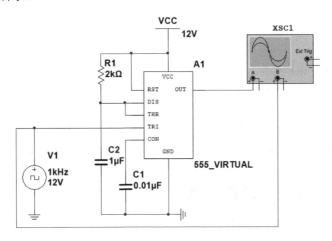

图 5-67　用 555 定时器构成的单稳态触发器

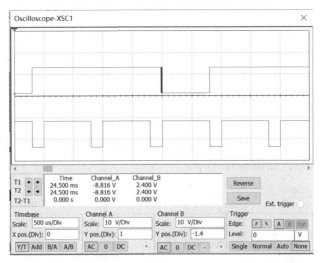

图 5-68　用 555 定时器构成的单稳态触发器的输入与输出波形

用示波器观察电路的输入信号和输出信号，如图 5-70 所示。A 通道是输出波形，B 通道是输入波形。为观察方便，将 A 通道的波形向下移 1 格，将 B 通道的波形向上移 0.6 格。可测得输出脉冲的宽度 t_w=0.502ms，而理论计算输出脉冲图 5-70 利用 555 Timer Wizard 生成的单稳态触发器的工作波形脉冲的宽度 $t_w = RC\ln\dfrac{V_{CC}}{V_{CC}-\dfrac{2}{3}V_{CC}} = 1.1RC = 0.5\text{ms}$，仿真结果与理论一致，通过改变 R 和 C 的值可以改变输出脉冲的宽度。

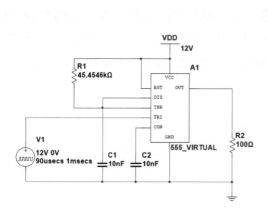

图 5-69　用 555 Timer Wizard 生成的
单稳态触发器

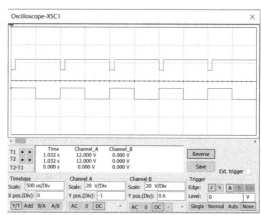

图 5-70　用 555 Timer Wizard 生成的
单稳态触发器的工作波形

二、555 定时器构成多谐振荡器

■■■ **特别提示**

利用 555 定时器构成多谐振荡器有两种方法：一种是通过调用元件库中的 555 定时器和相关器件组成多谐振荡器；另一种方法是利用 Multisim 13 提供的 555 Timer Wizard 直接生成多谐振荡器。

1. 用 555 定时器构成多谐振荡器

用 555 定时器构成的多谐振荡器电路如图 5-71 所示。其中，RST 接高电平 VCC，DIS 端通过 R1 接 VCC，通过 R2 和 C2 接地，将 THR 端和 TRI 端并连在一起通过 C2 接地，用示波器观测其工作波形，如图 5-72 所示。

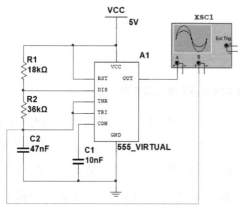

图 5-71　用 555 定时器构成的多谐振荡器电路

图 5-72　用 555 定时器构成的多谐振荡器的工作波形

2. 用 555 Timer Wizard 生成多谐振荡器

与用 555 Timer Wizard 生成单稳态触发器类似，利用 Multisim 13 提供的 555 Timer Wizard 也可以生成多谐振荡器，在 555 Timer Wizard 对话框中的 Type 下拉列表中选 Astable Operation 选项，输入电路的相关参数即可得到多谐振荡器。例如，利用默认参数生成多谐振荡器电路，如图 5-73 所示，用示波器观测其工作波形，如图 5-74 所示。

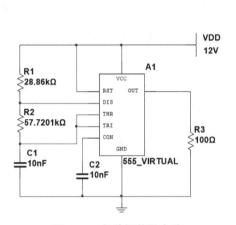

图 5-73 多谐振荡器电路

图 5-74 多谐振荡器电路的工作波形

利用示波器可以测得输出矩形脉冲的高电平持续时间 t_{w1}=0.61ms，低电平持续时间 t_{w2}=0.409ms。

用 555 定时器构成的多谐振荡器的自激振荡过程实际上是电容 C 反复充电和放电的过程。在电容充电时，暂稳态保持时间为 t_{w1}=0.7(R_1+R_2)C=0.612ms。当电容 C 放电时，暂稳态保持时间为 t_{w2}=0.7R_2C=0.40ms。可见，理论计算结果与仿真结果一致。

◆ 任务实施 ◆

按图 5-66 创建仿真电路图，CON 端所接的电容起滤波作用，用来提高比较器的参考电压的可靠性。RST 清零端（4）接高电平 VCC。将两个比较器的输入端 THR 和 TRI 连接在一起，作为施密特触发器的输入端。

启动仿真，通过示波器观察电路的输入与输出波形，如图 5-75 所示。

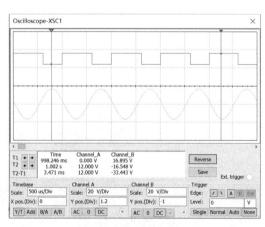

图 5-75 施密特触发器电路的输入与输出波形

■■■ 拓展训练

555 定时器组成的波群发生器

在 Multisim 13 的电路窗口中创建电路，如图 5-76 所示。在图 5-76 中，两个 555 电路分别构成两个频率不同的多谐振荡器，且左侧振荡器的振荡周期远大于右侧振荡器，将左侧振荡器的输出端连到右侧振荡器的复位端上。当左侧振荡器输出高电平时，右侧振荡器产生高频振荡；当左侧振荡器输出低电平时，右侧振荡器停止振荡，从而构成波群发生器，观察其工作波形，如图 5-77 所示。

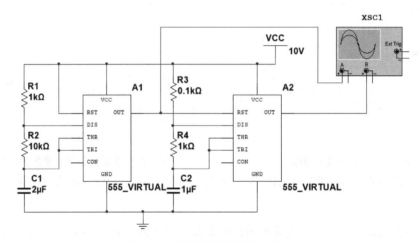

图 5-76　波群发生器的仿真电路

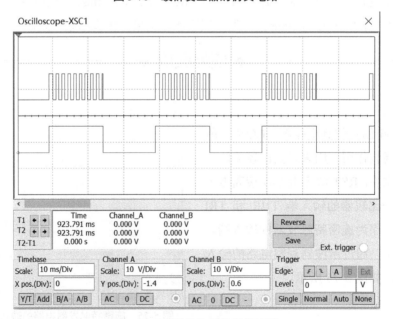

图 5-77　波群发生器的工作波形

思考与练习

在 Multisim 13 的电路窗口中利用 555 Timer Wizard 设计一个振荡频率为 3kHz 的单稳态触发器电路，并对该电路进行仿真分析。

项目六　Multisim 13 与 LabVIEW 的研究与应用

Multisim 和 LabVIEW 是 NI 公司的两款具有各自特色的软件。Multisim 的主要特点是可对电路进行各种虚拟仿真分析，验证电路设计的合理性；LabVIEW 的主要特点是用户可依托计算机的资源构建虚拟仪器，以代替实际仪器完成测试和测量任务。从 Multisim 9 开始，NI 公司将 LabVIEW 虚拟仪器功能集成到 Multisim 中，用户可在电路设计分析中调用自定义的 LabVIEW 虚拟仪器来完成数据的获取或分析，将该功能应用于工程设计可提高设计效率，缩短产品开发时间。

▶▶ 引言

在 Multisim 13 公司被 NI 公司合并之后，Multisim 13 与 LabVIEW 进行了完美结合。在 LabVIEW 的图形开发环境下可以充分利用 LabVIEW 环境下的所有功能，包括数据采集、仪器控制、数学分析等，用户可以设计出个性化的专用虚拟仪器仪表。

■■ 特别提示

自加拿大 IIT 公司成为美国 NI 公司的下属公司后，原 NI 公司的产品就源源不断地被注入 Multisim 仿真软件中，使之产生新的活力，使仿真功能更加强大。例如，增添了 LabVIEW 仪表，用户可以利用这些 LabVIEW 仪表进行实际电路波形的数据采集和必要的数学分析，从而有效克服原 Multisim 仿真软件不能采集实际数据的缺点。用户还可以根据自己的需求在 LabVIEW 图形开发环境中编制特定仪表，并调入 Multisim 仿真软件中使用。

在 LabVIEW 图形开发环境中，既可以为 Multisim 13 仿真软件编写输入仪表，又可以编写输出仪表及输入/输出仪表，这些仪表在 Multisim 13 仿真环境中可以连续不断地工作。例如，输入仪表可以在 Multisim 13 电路仿真过程中不断利用数据采集卡或数据模型来采集数据，对采集的数据进行显示或进一步处理。显示的数据既可以是虚拟仿真出来的数据，也可以是实际电路中某节点的波形，还可以将虚拟仿真数据和实际电路采集数据同时显示出来，以便进行虚实数据的比较。

任务 6.1　Multisim 13 与 LabVIEW 的结合

教学目标

了解 Multisim 自带的 LabVIEW 虚拟仪器的使用方法，具体如下。

（1）BJT 分析仪（BJT Analyzer）的使用方法。

（2）阻抗表（Impedance Meter）的使用方法。

（3）麦克风（Microphone）的使用方法。

（4）扬声器（Speaker）的使用方法。

（5）信号发生器（Signal Generator）的使用方法。

（6）信号分析仪（Signal Analyzer）的使用方法。

（7）流信号发生器（Streaming Signal Generator）的使用方法。

◆ 任务引入 ◆

Multisim 13 集成了最新发布的 NI LabVIEW 8 图形化开发环境软件和 NI SignalExpress 交互测量软件的功能。这一软件通过桥接普通设计及测试工具来帮助设计工程师提高效率，减少产品从开发到上市的时间。使用 Multisim 13，工程师可以通过运用仿真数据来提高测试能力，这些实际的数据都是由 LabVIEW 采集的，可作为虚拟电路测试的数据来源。通过集成模拟数据库及仿真测试，工程师可以减少失误、缩短设计时间、增加设计量。除了软件提供的 20 种仪器，工程师还可以运用 LabVIEW 来实现完全自定义的虚拟仪器，并将这些仪器用在 Multisim 13 环境中。

Multisim 13 仿真软件中提供了 7 种 LabVIEW 软件设计的仪表，分别是 BJT 分析仪、阻抗表、麦克风、扬声器、信号分析仪、信号发生器和流信号发生器。各种仪表的功能和使用方法如下所示。

◆ 任务实施过程 ◆

一、Multisim 13 提供的 LabVIEW 仪器实例

Multisim 13 提供的 LabVIEW 虚拟仪器有 7 种。各实例仪器的源代码均可在 Multisim 13 安装目录下的子目录——samples\LabVIEW Instruments 下找到。

XLV1

1. BJT 分析仪（BJT Analyzer）

BJT 分析仪是用于测量 BJT 器件的电流-电压特性的一种仪表。执行 Simulate→Instruments→LabVIEW Instruments→BJT Analyzer 命令，即可出现 BJT 分析仪图标，移动鼠标指针将其放在 Multisim 13 的电路仿真工作区中，双击该图标打开 BJT 分析仪，BJT 分析仪面板如图 6-1 所示。

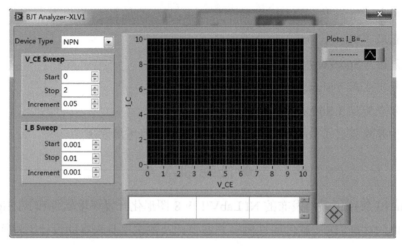

图 6-1 BJT 分析仪面板

在图 6-1 中，可以选择三极管类型（NPN 或 PNP），设置 V-CE 和 I-B 扫描的起始值、终止值和步长。将被测三极管接入 BJT 分析仪的相应引脚上，启动仿真即可得到被测三极管的输出特性曲线图。例如，将型号为 2N2222A 的 PNP 三极管接到 BJT 分析仪上，启动仿真按钮得到输出特性曲线图，如图 6-2 所示。

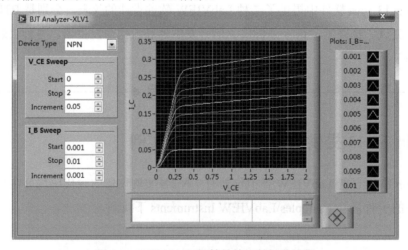

图 6-2 2N2222A 三极管的输出特性曲线图

2．阻抗表（Impedance Meter）

阻抗表是用于测量两个节点间的阻抗的一种仪表。执行 Simulate→Instruments→LabVIEW Instruments→Impedance Meter 命令，即可出现阻抗表图标，移动鼠标指针将其放在 Multisim 13 的电路仿真工作区中，双击该图标，打开阻抗表，阻抗表面板如图 6-3 所示。

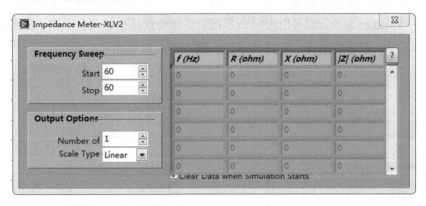

图 6-3　阻抗表面板

在图 6-3 中的 Frequency Sweep 区域中，可以设置扫描频率的起始频率和终止频率，在 Output Options 区域中，通过 Number of 数值框选择采样点数，通过 Scale Type 下拉列表选择刻度类型。启动仿真后，被测节点就会在阻抗表面板的右侧窗口中显示对应不同频率的阻抗实部（R）、阻抗虚部（X）、和阻抗（$/Z/$）。

3．麦克风（Microphone）

麦克风是一种利用计算机声卡记录输入信号，然后可作为信号源输出所记录的声音信号的一种仪表。麦克风能够通过计算机声卡录制音频数据（如麦克风、CD 播放器）。它的输出在 Multisim 13 中被作为信号源使用。在进行电路仿真前，必须先设置和录制音频数据。当设置和录制完声音后，在 Multisim 13 的仿真过程中，麦克风可以作为音频信号源使用。执行 Simulate→Instruments→LabVIEW Instruments→Microphone 命令，即可出现麦克风图标，移动鼠标指针将其放在 Multisim 13 的电路仿真工作区中，双击该图标，打开麦克风，麦克风面板如图 6-4 所示。

在图 6-4 中，通过 Device 下拉列表选择音频设备（自动识别），在 Recording Duration 文本框中设置录音时间，然后通过 Sample Rate 游标或数值框设置采样频率。单击 Record Sound 按钮，即可开始录音。

注意：录音前，最好选中 Repeat Recorded Sound 复选框，否则，当麦克风作为信号源输出录音信号时，输入的仿真数据用完后，输出电压就为 0 信号。

4. 扬声器（Speaker）

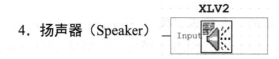

扬声器是利用计算机声卡播放信号的一种仪表。执行 Simulate→Instruments→LabVIEW Instruments→Speaker 命令，即可出现扬声器图标，移动鼠标指针将其放在 Multisim 13 的电路仿真工作区中，双击该图标，打开扬声器，扬声器面板如图 6-5 所示。

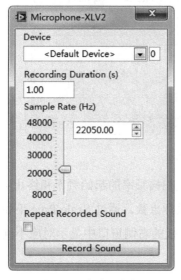

图 6-4　麦克风面板

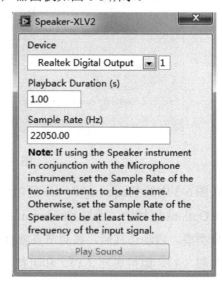

图 6-5　扬声器面板

在图 6-5 中，在 Device 下拉列表中选择播放设备，在 Playback Duration 文本框中设置播放时间，在 Sample Rate 文本框中设置采样频率。采样频率设置得越高，仿真运行的速度就越慢。

设置完成之后，启动仿真，待仿真时间大于设置的播放时间后，停止仿真，再单击扬声器面板中的 Play Sound 按钮，即可听到之前录制的声音信号。

注意：设置的采样频率应和 Microphone 的采样频率一致，且至少为采样信号最高频率的 2 倍。

麦克风的使用方法如下。

① 在电路图绘制窗口中放置麦克风仪器图标，双击图标打开设置对话框，麦克风仪器如图 6-6 所示。

② 选择音频设备（Device），一般选择默认设备；设置录音时间（Recording Duration）

和采样速率（Sample Rate），采样速率越高，输出信号的品质越好，但是仿真运行的速度也越慢。

③ 单击 Record Sound（录音）按钮，对计算机声卡输入的信号进行录音。

④ 在仿真前，可以选择 Repeat Record Sound（重复录音设置）复选框。如果没有选择此复选框就开始仿真，当仿真时间超过录音时间的长度时，虽然仿真还在进行，但是麦克风仪器输出的录音信号的电压为 0V；如果选择了此复选框，那么麦克风仪器会重复输出录音数据，直到仿真停止。

⑤ 创建如图 6-7 所示的音频滤波器电路。滤波器的输入信号作为麦克风仪器录制的电压信号，扬声器作为输出负载。

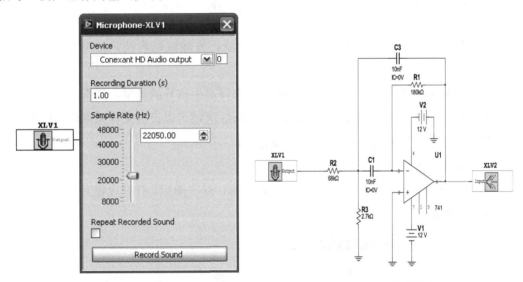

图 6-6 麦克风仪器   图 6-7 音频滤波器电路

⑥ 单击 Simulate→Run 菜单选项，开始仿真。

扬声器（Speaker）仪器的使用方法如下。

扬声器仪器输出的电压信号供计算机音频设备播放声音。在仿真开始前设置各参数，在仿真停止后播放声音。

① 在电路图绘制窗口中放置扬声器仪器图标，双击图标打开设置对话框，扬声器仪器如图 6-8 所示。

② 选择音频设备（Device），一般选择默认设备；设置回放时间（Playback Duration）和采样速率（Sample Rate）。如果将麦克风仪器与扬声器仪器连接，那么两个仪器的采样速率必须设置得相同；否则，应将扬声器仪器的采样速率设置为输入信号频率的两倍以上。采样速率越高，仿真运行速度越慢。

③ 创建如图 6-7 所示的音频滤波器电路。滤波器的输入信号作为麦克风仪器录制的电

压信号,扬声器作为输出负载。

④ 单击 Simulate→Run 菜单选项,开始仿真。在仿真运行过程中,扬声器仪器存储数据,直到仿真时间等于设置的回放时间。

⑤ 单击 Simulate→Run 菜单选项,停止仿真。打开扬声器仪器对话框,单击 Play Sound (播放) 按钮,播放扬声器存储的声音信号数据。

注意:设置的采样频率应和 Microphone 的采样频率一致,且至少为采样信号最高频率的 2 倍。

5. 信号发生器 (Signal Generator)

信号发生器能够产生并输出正弦波、三角波、方波或锯齿波,信号发生器如图 6-9 所示。

在图 6-9 中,通过 Signal Information 可以选择产生信号的类型、频率、占空比,以及对应的幅度、相位和直流偏置。通过 Sampling Info 区域可以设置采样频率和采样点数。若要重复产生信号,则应选中 Repeat Data 复选框。

信号发生器的使用方法如下。

① 在电路图绘制窗口中放置信号发生器图标,双击图标,打开设置对话框,信号发生器如图 6-9 所示。

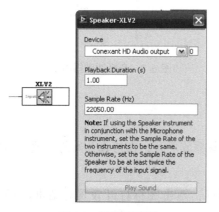

图 6-8　扬声器仪器

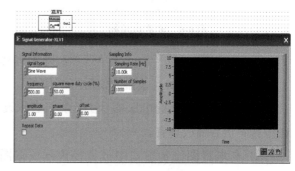

图 6-9　信号发生器

② 设置输出信号参数(Signal Information)和采样信息(Sampling Info),并选择 Repeat Data(重复数据输出)复选框。

③ 创建如图 6-10 所示的反相加法电路。电路的信号源作为信号发生器产生的输出电压信号。其中,信号发生器 XLV1 和 XLV2 选择了 Repeat Data 复选框,而 XLV3 和 XVL4 没有选择 Repeat Data 复选框。

④ 单击 Simulate→Run 菜单选项，开始仿真。用示波器观测输出信号，如图 6-11 所示。由仿真结果可以看出，由于其中两个信号发生器在创建时没有选择 Repeat Data 复选框，因此经过一段时间后，输出幅度变小了。这说明没有选择 Repeat Data 复选框的仪器已经没有输出电压了。

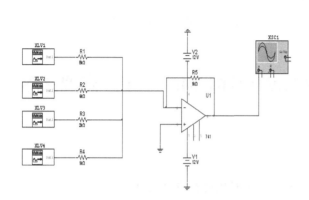

图 6-10 反相加法电路

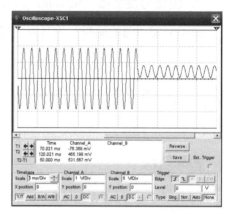

图 6-11 反相加法电路输出

6. 信号分析仪（Signal Analyzer）

信号分析仪能够实时地显示输入信号并对其进行自动功率谱分析和均值计算，如图 6-12 所示，其使用方法如下。

① 在电路图绘制窗口中放置信号分析仪图标，双击图标，打开设置对话框，信号分析仪如图 6-12 所示。

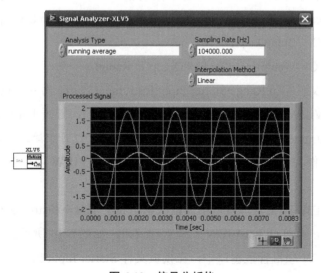

图 6-12 信号分析仪

② 设置信号分析的类型（Analysis Type）和采样速率（Sampling Rate），注意，采样速率必须设置为输入信号频率的两倍以上。

③ 单击 Simulate→Run 菜单选项，开始仿真。

7．流信号发生器（Streaming Signal Generator）

流信号发生器的面板与信号发生器的面板基本相同，功能也相似，此处不再赘述。

任务 6.2　如何在 LabVIEW 中创建 Multisim 13 虚拟仪器

教学目标

（1）学习 LabVIEW 与 Multisim 13 虚拟仪器在创建过程中的差别。

（2）学习设计专用仪器面板的方法。

（3）掌握仪器的程序框图设计方法。

◆ **任务实施过程** ◆

在 LabVIEW 中文版中，创建输入型仪器和输出型仪器的方法和过程相似。下面以输入型仪器为例，介绍如何在 LabVIEW 中创建 Multisim 13 虚拟仪器，并介绍两种仪器在创建过程中的差别，具体步骤如下。

第一步：复制和重命名 Multisim 13 提供的模板。

（1）复制 Multisim 13 安装目录下\samples\LabVIEW Instruments\templates\Input 的子目录到一个新目录（C：\Temp）中。

（2）重新命名 C：\Temp\Input 为 C：\Temp\In Range。

（3）重新命名文件---In Range\Starter Input Instrument.lvproj 为 In Range.lvproj。

（4）双击 LabVIEW 工程文件 In Range\In Range.lvproj，打开 LabVIEW 项目浏览器；或者在 National Instruments LabVIEW 启动窗口单击文件，打开菜单选项，然后在弹出的对话框中选择工程文件--In Range\In Range.lvproj，打开 LabVIEW 项目管理窗口，如图 6-13 所示。

（5）在 LabVIEW 项目管理窗口中，依次单击我的电脑→Instrument Template→Starter Input Instrument.vit，并打开 LabVIEW 工程管理窗口，如图 6-14 所示。

或者在 LabVIEW 项目管理窗口中，在模板文件 Starter Input Instrument-vit 上右击，在弹出的菜单中单击"另存为"菜单项，打开如图 6-15 所示的模板另存为对话框。

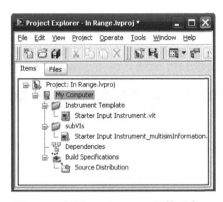

图 6-13　打开 LabVIEW 项目管理窗口

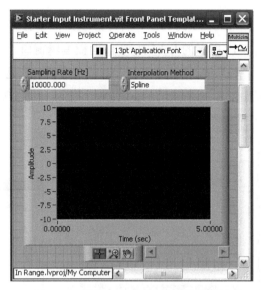

图 6-14　打开 LabVIEW 工程管理窗口

（6）按照图 6-15 和图 6-16 的提示，将模板"Starter Input Instrument.vit"重命名为"In Range Instrument.vit"，并单击"OK"按钮。在打开的 VI 模板窗中单击"文件"→"另存为"菜单选项，打开如图 6-15 所示的模板另存为对话框，选择重命名选项并按"Continue"按钮。下一个对话框中为打开的 VI 模板选择的文件存储位置和名称 In Range Instrument.vit，然后单击"OK"按钮，关闭重新命名的模板文件窗口。

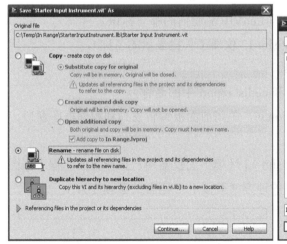

图 6-15　模板另存为对话框

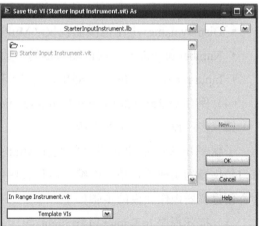

图 6-16　模板重命名对话窗口

（7）重复第（5）步和第（6）步，将仪器子程序 Starter Input Instrument.Multisim 13 Information.vi 重命名为 In Range.Multisim 13 Information.vi，并保存整个工程文件。

第二步：改变接口信息。

（1）在 LabVIEW 项目管理窗口中打开文件 In Range.Multisim 13 Information.vi，如图 6-17 所示的 LabVIEW 前面板编辑窗口。

（2）按 "Ctrl+E" 组合键或单击窗口，显示程序框图菜单选项，将前面板编辑窗口切换到如图 6-18 所示的 LabVIEW 前面板编辑窗口。

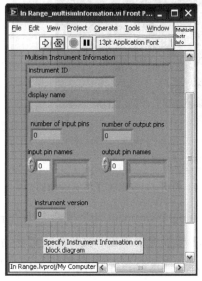

图 6-17　LabVIEW 前面板编辑窗口

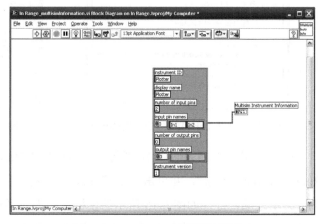

图 6-18　LabVIEW 前面板编辑窗口

（3）改变以下内容。

- Instrument ID=In Range（Multisim 13 与 LabVIEW 通信的唯一标识）。
- Display name=电压范围监视仪（Multisim 13 仪器工具栏显示的名称）。
- Number of pins=1（仪器输入端的个数）。
- Input pin names=In（在 SPICE netlist 和 netlist report 中的名称）。

（4）保存 In Range.Multisim 13 Information.vi，关闭前面板编辑窗口和程序框图窗口。

第三步：设计专用仪器面板。

子程序 In Range-vit 的前面板是在 Multisim 13 环境下的仪器用户操作界面，程序框图窗口是仪器为实现特定功能而编写图形代码的地方（类似于 C 语言的源程序）。

创建仪器操作面板的步骤如下。

（1）打开程序 In Range Instrument-vit。

（2）选择仪器前面板编辑窗口，并将其修改，如图 6-19 所示。

- 将所有的控件都移动到将来用户看不到的地方。
- 在仪器前面板窗口中右击，向数值控件组添加 "水平指针滑动条"，并将其重命名为 "上限"。
- 在滑动条上右击，选择 "数据范围"，并按图 6-19 输入数值，设置默认值为-5。

- 重复以上步骤，创建"下限"滚动条，设置默认值为-5。
- 从布尔控件组中选择"方形指示灯"放置，将其重命名为"超限报警"。

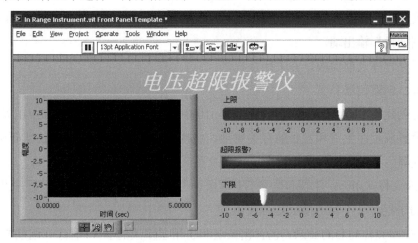

图 6-19　仪器前面板编辑窗口

第四步：完成仪器的程序框图设计。

切换到仪器程序框图窗口，按图 6-20 在底层 while 循环中加入下列 G 语言图形代码。

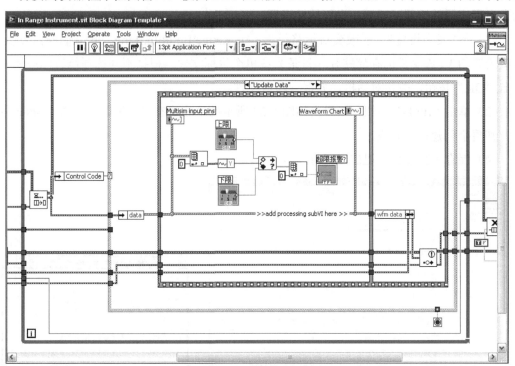

图 6-20　仪器程序框图窗口

（1）扩大 case 结构，在仪器输入端放置"索引数组"。

（2）放置"获取波形部分"；放置函数"判定范围并强制转换"，分别连接上限端和下限端。

（3）放置"索引数组"并将输出端连接到"超限报警"端，将输入端连接到函数"判定范围并强制转换"输出端。

（4）保存程序及前面板，并关闭窗口。

第五步：创建仪器。

为了将创建的 LabVIEW 仪器在 Multisim10 中安装使用，就必须在 LabVIEW 仪器的工程文件中设置源程序生成和发布的有关属性，这样才能保证 Multisim 13 仪器正确生成。

整个仪器生成过程产生的结果包含如下文件。

- VI 库文件（-llb）：主要包含主 VI 模板、主模板使用的所有 VIs 子程序及主模板引用的子程序（不管主模板是否使用）。
- 与 VI 库文件同名的目录：包含模板层和引用层修改的非 VI 程序，这些文件为 DLL 文件、LabVIEW 菜单文件及其他文件。

（1）在 LabVIEW 项目管理窗口单击"我的电脑"→"程序生成规范"，并在 Source Distribution 菜单选项上右击，在弹出的菜单中单击"属性"菜单选项，打开如图 6-21 所示的发布程序属性设置对话框，进行属性设置。

（2）在"发布设置"中，改变目标路径为---\In Range\Build\In.Range.llb。选择打包选项，修改最终的 VI 库文件的存储路径（目录）或单个目标文件，根据不同选项修改相应属性。单击"OK"按钮，关闭对话框，并保存项目文件。

（3）单击"Build"按钮，当弹出如图 6-22 所示的生成状态对话框时，单击"Done"按钮，则整个创建过程完成。

（4）保存工程文件，退出 LabVIEW。

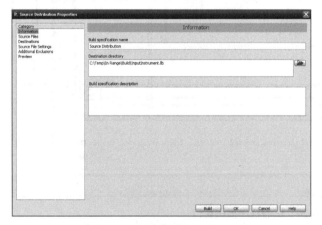

图 6-21　发布程序属性设置对话框

图 6-22　生成状态对话框

◆ 相关知识 ◆

在 LabVIEW 编程环境下可以创建两种仪器。

（1）建立一个利用 LabVIEW 设计的数据采集器，Multisim 13 利用采集的数据作为仿真电路的信号源，对电路进行仿真分析的仪器称为输出型仪器（Output Instruments）。

（2）实时显示仿真结果数据及其处理数据，如仿真显示某点的电位波形，对电路输出信号进行求均值、功率谱分析等，这种仪器称为输入型仪器（Input Instruments）。

利用 LabVIEW 创建的 Multisim 13 使用的仪器，要么具有输出功能，要么具有输入功能，但是一个仪器不能同时具备输入功能和输出功能。输出型仪器在电路仿真过程中作为信号源使用，输入型仪器作为信号测量和处理仪器使用。

特别要注意，输入型仪器和输出型仪器在电路仿真过程中的工作过程和机理是不同的。当电路处于仿真状态时，输入型仪器能够连续接收仿真电路的仿真数据；而输出型仪器在仿真开始时先产生一定数量的数据，以供仿真电路使用，在仿真状态下不能连续产生数据。因此，如果输出型仪器要产生一批新数据，那么必须先停止再重新开始进行电路仿真。

输出型仪器允许仪器使用者或开发人员决定输出数据是否重复发送。如果在电路仿真时没有对输出型仪器进行配置，且不允许数据重复发送，那么一旦电路开始仿真，当使用的数据没有达到规定的长度时，Multisim 13 继续仿真，但输出型仪器的输出信号降为 0V 电压。如果将输出型仪器设置为重复输出，那么仪器输出的数据按照初始产生的数据不断重复地输出，直到仿真停止。

输入型仪器允许用户或设计人员设置采样速率，这个采样速率为从 Multisim 13 仿真电路接收数据的速率。如果是数据采集设备或标准仪器获取实际数据，那么这个采样速率为数据采集设备或标准仪器的采样速率，采样速率的设置必须符合 Nyquist 采样定理。要注意，采样速率越高，仿真运行速度就越慢。

通过以上分析可知，Multisim 13 的交互式仿真特性使得硬件电路设计更方便，仿真结果更直观，从而便于用户更好地理解电路的工作原理，为实物电路的设计提供保证。然而，仿真结果的质量在很大程度上取决于测试信号是否符合实际要求、分析方法是否完善可靠及仿真结果的显示是否正确这 3 大因素。

通过将基于专用 NI LabVIEW 虚拟仪器与基于 SPICE 模型的电路仿真结合，Multisim 13 使得传统的设计与测试结果的差距进一步缩小，进而使一般的原理电路图转换为一个虚拟的实验样机。这样，设计人员可以将真实的测试信号引入 Multisim 13，对设计的电路进行调试；电路的仿真结果又可以驱动真实的电路，且电路的输出结果的显示更加符合设计人员的需求。

任务 6.3 Multisim 13 环境下的 LabVIEW 虚拟仪器的使用

（1）了解在 LabVIEW 中设计 Multisim 13 软件所需仪器的基本组件是 VI 模板。

（2）掌握 LabVIEW 虚拟仪器的安装与使用方法。

◆ **任务实施** ◆

一、LabVIEW 虚拟仪器

在 LabVIEW 中设计 Multisim 13 软件所需仪器的基本组件是 VI 模板（文件后缀名为.vit）。VI 模板作为虚拟仪器的虚拟模板，负责与 Multisim 13 进行数据通信。

VI 模板具有仪器的输入功能和输出功能。开始制作仪器前，应具备工程模板和编程模板：工程模板可以为最终生成虚拟仪器做一些必要的设置；编程模板包括前面板和程序框图，用来协调 Multisim 13 的数据通信并处理数据。

这些模板可以在 Multisim 13 安装目录中获得，具体如下。

（1）输入型仪器模板（Input Templates）：在\samples\LabVIEW Instruments\templates\Input 目录下，利用这些文件仪器可以创建、显示和处理 Multisim 13 电路仿真结果的仪器。

（2）输出型仪器模板（Output Templates）：在--\samples\LabVIEW Instruments\templates\Output 目录下，利用这些文件仪器，可以创建作为仿真电路的信号源。

（3）工程模板（The Starter Project）：工程模板主要包括可发布程序特性的输入型仪器仪表工程模板 StartIntput Instrument-lvproj 和输出型仪器仪表工程模板 Start Output Instrument-lvproj 两种。

二、在 LabVIEW 环境下创建仪器需要明确的几个问题

（1）在 LabVIEW 编程环境下，可以创建输入型仪器或输出型仪器。

（2）输入型仪器在电路仿真状态下能够连续接收数据。如果需要利用 LabVIEW 虚拟仪器建立与实际设备 I/O（如 DAQ 数据采集设备、GPIB 仪器、Serial 仪器和文件等）的连接，那么一定要处理好仿真时间（与 SPICE 模型、电路图复杂程度和 CPU 处理速度等因素有关）与实际设备的 I/O 速度之间的配合问题。

（3）在电路仿真状态下，输出型仪器不能传送数据给仿真电路。也就是说，数据的产生和获取必须在进行 SPICE 模型仿真前完成（如麦克风先进行数据采集，再仿真）。

（4）由于创建 LabVIEW 仪器必须以 Multisim 13 提供的标准模板为前提，因此要求编程环境只能是 NI LabVIEW 8.0 或更高版本。

（5）NI LabVIEW 中只是用于创建仪器的。如果运行 Multisim 13 软件或在 Multisim 13 软件中使用创建的仪器，那么就没有必要在计算机上安装 NI LabVIEW 软件了。

三、LabVIEW 虚拟仪器的安装与使用

1．安装使用 LabVIEW

为了在 Multisim 13 上正确安装自己创建的 LabVIEW 仪器，或者与同事或其他 Multisim 13 使用者分享自己的仪器，就一定要复制创建的仪器的工程文件目录---\Build 子目录的*-llb 文件，具体方法如下。

首先，关闭当前运行的 Multisim 13。

其次，复制生成 LabVIEW 仪器过程中产生的 VI 库文件和与其同名的子目录到 Multisim 13 安装目录的---\lvinstruments 子目录中。

最后，重新启动 Multisim 13，此时，在仪器面板上的 LabVIEW 仪器按钮处会出现所安装的仪器（单击 Simulate→Instruments→LabVIEW Instruments→In Range 命令）。它的使用方法与其他仪器的使用方法基本类似。

2．分享自己创建的 LabVIEW 仪器

创建一个简单的电路，以测试所创建的 LabVIEW 仪器是否符合要求。

（1）在 Multisim 13 的电路图窗口中放置函数发生器（Function Generator）。

（2）放置电压超限报警仪。

（3）放置电源地（Ground）和两个分压电阻，并按图 6-23 连接电路。

（4）打开函数发生器对话框，设置电压幅度为 10V、频率为 100Hz 的正弦波。

（5）打开"电压超限报警仪"用户面板，如图 6-24 所示。

（6）开始仿真，并验证仪器的工作情况。

3．正确创建 LabVIEW 仪器必须遵循的原则

在创建 Multisim 13 中使用的 LabVIEW 仪器时，一定要遵循以下原则。

（1）一定要从 Multisim 13 提供的仪器模板或范例文件中创建仪器。因为这些文件包括创建仪器，以及保证仪器正常工作的前面板对象、程序框图对象和必要设置。

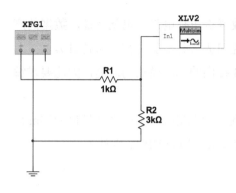

图 6-23　分压电路

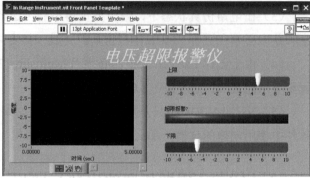

图 6-24　电压超限报警仪

（2）不要删除或修改在原始模板中已有的框图对象。在创建仪器的过程中，可以增加新的控件、指示器和附加事件处理功能模块，但是不要删除或修改原有的器件及处理代码。

（3）可以在原始模块的后面板中规定的有注释的位置增加需要的处理功能模块。

（4）所有导入 Multisim 10 的 LabVIEW 仪器都必须有唯一的名称，特别是 VI 库文件包含的主模板、支持文件目录和主模板自身，都必须有唯一的支持程序正确运行的目录文件名称。

（5）在 LabVIEW 仪器中使用的所有子程序的名称必须唯一，除非想在多个不同的仪器中使用同一个子 VI。

（6）在 LabVIEW 仪器中使用的所有库文件名称必须唯一，除非想在多个不同的仪器中使用同一个元件库。

（7）所有 LabVIEW 仪器中包含的同一个子程序在某个库文件中，这个库文件的版本必须相同，若库文件的版本不一致，则必须重新设置。例如，在创建新仪器的过程中使用并修改了一个库文件，而且这个库文件被安装在同一台计算机的其他仪器中使用，那么必须重新生成原来的仪器并安装。

（8）仪器工程文件的源程序生成规范设置项目必须保持不变。为了保证这一点，在发布程序属性设置对话框的"Source File Settings"设置页选择项目文件中的依赖关系（Dependencies）选项，然后选择 Set inclusion type for all contained items→Always include 选项，即可保证 LabVIEW 启动工程项目始终被正确设置。

慎重考虑所创建的仪器的子程序是否具有可执行形式。如果将子程序用作具体实例结构，如移位寄存器、首次调用模块和特殊功能模块等，那么必须把子 VI 设置成可重入执行形式。在子 VI 中选择 File→VI Properties→Execution 命令，即可把子 VI 设置成可重入执行形式，该设置对于仪器的正常工作起到了非常重要的作用。

任务 6.4　如何实现 Multisim 与 LabVIEW 仪器的数据通信

教学目标

（1）了解将从 LabVIEW 仪器产生的数据传送到 Multisim 13 仿真电路的方法。

（2）掌握将 Multisim 13 电路仿真结果输出到 LabVIEW 仪器中的方法。

◆ 任务引入 ◆

当设计电路需要用实际数据进行仿真，而数据仿真软件又无法提供这样的测试数据时，观测电路是否达到设计要求，从而使电路仿真设计更接近实际。这就要求通过 LabVIEW 仪器采集数据，供仿真软件使用。如当设计一个能对电源噪声进行滤波的电路时，在电源仿真电路中建立噪声模型是非常困难的，因此可以利用 LabVIEW 仪器采集实际的电源噪声，然后供仿真电路测试使用。

工程师现在可以迅速地将 Multisim 13 的模拟结果以原有的文档格式导入 LabVIEW 或 Signal Express 中。得益于其兼容性，工程师可以更有效地分享及比较仿真数据和模拟数据。工程师还可以在项目测试和调试阶段将这些数据作为基准，同时通过对测试数据与期望结果进行简单比较改进部门间的沟通方式，提高效率。通过保持原文件格式，工程师无须转换文件，这样在分享数据时就减少了错误，提高了效率。

◆ 任务实施过程 ◆

一、将从 LabVIEW 仪器产生的数据传送到 Multisim 13 仿真电路中

Multisim 10 集成了获得 LabVIEW 仪器数据的元件，使得电路仿真设计更加方便。在仿真电路中，要从 LabVIEW 仪器获得数据，可以用 Multisim 13 LVM 信号源。

Multisim 13 LVM 信号源包括电压信号源（LVM-VOLTAGE）和电流信号源（LVM-CURRENT）两类。这两种信号源的使用方法类似，下面以电压信号源为例，介绍 Multisim 13 仿真电路如何获得 LabVIEW 仪器的数据，具体的操作步骤如下。

（1）单击 Place→Component 菜单选项，打开 Select a Component 窗口。

（2）在 Select a Component 窗口中，在 Database 下拉列表中选择 Master Database，在

Group 下拉列表中选择 Sources，在 Family 列表框中选择 SIGNAL-CURRENT-SOURCES，在 Component 列表框中选择 LVM-CURRENT，如图 6-25 所示。

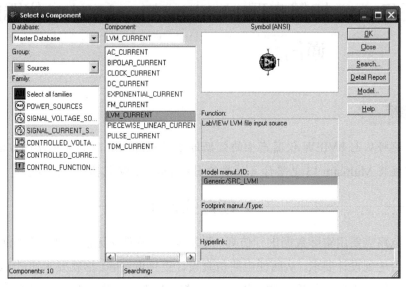

图 6-25　选择 LVM 电压信号源

（3）单击"OK"按钮，将 LVM-VOLTAGE 连接到电路的输入端。在这里将它连接到示波器上，如图 6-26 所示。

（4）双击 LVM-VOLTAGE 图标，弹出电压信号源属性对话框，如图 6-27 所示。

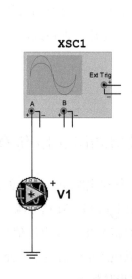

图 6-26　电压信号源与示波器连接

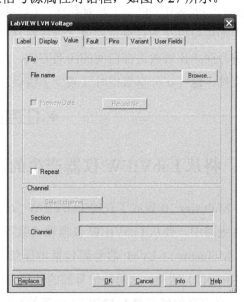

图 6-27　电压信号源属性对话框

（5）单击 [...] 按钮，在弹出的对话框中选择 LabVIEW 仪器数据文件。

（6）必须选择 Repeat 复选框，这样可以保证电路仿真过程一直有信号源加载。

（7）单击 Simulate→Run 菜单选项，开始仿真。在电路仿真过程中，电压信号源将 LabVIEW 虚拟仪器采集的数据作为仿真电路的信号源使用，电压信号源波形图如图 6-28 所示。

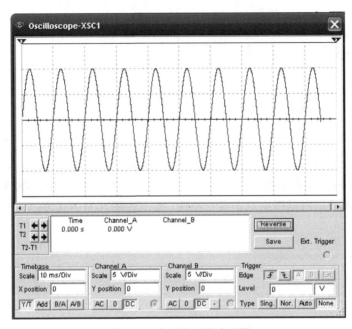

图 6-28　电压信号源波形图

二、将 Multisim 13 电路仿真结果输出到 LabVIEW 仪器中

Multisim 13 能够非常容易地将电路仿真结果保存为 LabVIEW 仪器可以调用的数据格式的文件（*-lvm）。在此重点介绍在 Multisim 13 中如何将电路仿真结果数据保存为 LabVIEW 仪器可以使用的数据格式的文件。当然，Multisim 13 软件也能够将电路仿真结果保存为其他数据格式的文件，如*-tdm、*-txt 格式等。

在 Multisim 13 中将电路仿真结果保存为 LabVIEW 仪器可以调用的数据格式的文件的方法有两种：保存示波器数据和 Grapher 窗口的图形数据。

1．保存示波器数据

保存示波器数据的具体步骤如下。

（1）在如图 6-29 所示的分压电路中放置示波器并将它连接到电路的输出端上。

（2）开始仿真。双击示波器图标，弹出示波器显示对话框，如图 6-30 所示。

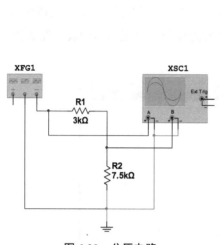

图 6-29　分压电路

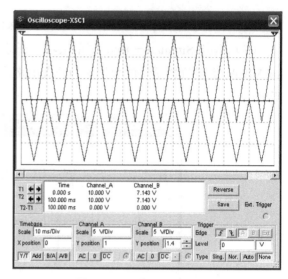

图 6-30　示波器显示对话框

（3）在示波器显示对话框中单击保存按钮，弹出如图 6-31 所示的 Windows 标准保存文件对话框。

图 6-31　Windows 标准保存文件对话框

（4）选择保存目录，输入保存的文件名，文件类型选择 Text-based measurement files (*.lvm)。

（5）单击保存按钮，即可将电路仿真结果保存为 LabVIEW 仪器可以调用的数据格式的文件，在 LabVIEW 仪器中就可以调用此文件了。

2．保存 Grapher 窗口的图形数据

在 Multisim 13 中，有些虚拟仪器和仿真电路分析方法没有保存功能，那么如何将电路仿真结果保存为数据文件呢？Multisim 13 的 Grapher 窗口提供了保存功能，可以把任何电路仿真结果保存为 LabVIEW 仪器可以调用的数据格式的文件，具体方法如下。

（1）对电路进行仿真或选择电路分析方法进行电路分析。

（2）在标准工具栏中单击 Grapher 按钮，弹出如图 6-32 所示的图形分析显示窗口。

（3）单击要保存的结果对应的标签，再单击 File→Save As 菜单选项，弹出如图 6-33 所示的 Windows 标准另存为对话框。

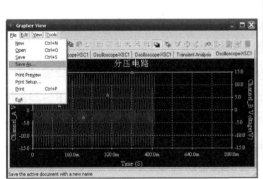

图 6-32　图形分析显示窗口　　　　图 6-33　Windows 标准另存为对话框

（4）选择保存目录，输入要保存的文件名，文件类型选择 Graph file(*.gra)。

（5）单击"保存"按钮，保存为 LabVIEW 仪器可以调用的数据格式的文件，这样，在 LabVIEW 仪器中就可以调用此文件了。

■■■ 拓展阅读

LabVIEW 简介

1．LabVIEW8.6 概述

LabVIEW（Laboratory Virtual Instrument Engineer Workbench，实验室虚拟仪器工作平台）是美国 NI 公司推出的一种基于 G 语言（Graphics Language，图形化编程语言）的、具有革命性的图形化虚拟仪器开发环境，是业界领先的测试、测量和控制系统的开发工具。

虚拟仪器实际上是一个按照仪器需求组织的数据采集系统。虚拟仪器的研究中涉及的基础理论主要有计算机数据采集和数字信号处理。目前在这一领域使用较为广泛的计算机语言是美国 NI 公司的 LabVIEW。

虚拟仪器的起源可以追溯到 20 世纪 70 年代,那时计算机测控系统在国防、航天等领域已经取得了一定程度的发展。自 PC 出现以后,仪器级的计算机化成为可能,甚至在 Microsoft 公司的 Windows 诞生之前,NI 公司已经在 Macintosh 计算机上推出了 LabVIEW 2.0 以前的版本。对虚拟仪器和 LabVIEW 长期、系统、有效地研究开发使得该公司成为业界公认的权威公司。

普通的 PC 有一些不可避免的缺点。用它构建的虚拟仪器或计算机测试系统的性能不可能太高。目前,计算机化仪器的一个重要发展方向是制定 VXI 标准,这是一种插卡式的仪器。每种仪器是一个插卡,为了保证仪器的性能,又采用了较多的硬件,但这些卡式仪器本身都没有面板,其面板仍然用虚拟的方式在计算机屏幕上出现。这些卡被插入标准的 VXI 机箱,再与计算机相连,从而组成了一个测试系统。VXI 仪器的价格昂贵,目前又推出了一种较为便宜的 PXI 标准仪器。

虚拟仪器的另一个研究方向是各种标准仪器的互连及与计算机的连接。目前使用较多的是 IEEE488 或 GPIB 协议,未来的仪器也应当是网络化的。

LabVIEW 是一种图形化的编程语言,它广泛地被工业界、学术界和研究实验室接受,成为一个标准的数据采集和仪器控制软件。LabVIEW 集成了满足 GPIB、VXI、RS-232 和 RS-485 协议的硬件及数据采集卡的全部功能,它还内置了便于应用 TCP/IP、ActiveX 等软件标准的库函数,是一个功能强大且灵活的软件。利用 LabVIEW 可以方便地建立用户自己的虚拟仪器,其图形化的界面使得编程及使用过程都很生动有趣。

LabVIEW 图型化的程序语言又称为 G 语言。使用这种语言编程时,基本上不用写程序代码,取而代之的是流程图。它尽可能地利用了技术人员、科学家、工程师所熟悉的术语、图标和概念,因此,LabVIEW 是一个面向最终用户的工具。它可以增强用户构建自己的科学和工程系统的能力,提供了实现仪器编程和数据采集系统的便捷途径。当使用 LabVIEW 进行原理研究、设计、测试和实现仪器系统时,可以大大提高工作效率。

利用 LabVIEW 可以产生独立运行的可执行文件,它是一个真正的 32 位编译器。像许多重要的软件一样,LabVIEW 有 Windows、UNIX、Linux、Macintosh 等多种版本。

虚拟仪器的概念:用户在通用计算机平台上,在必要的数据采集硬件的支持下,根据测试任务的需要,通过软件设计来实现和扩展传统仪器的功能。传统台式仪器是由厂家设计并定义好功能的一个具有封闭结构的仪器,有固定的输入/输出接口和仪器操作面板。每种仪器只能实现一类特定的测量功能,并以确定的方式提供给用户。虚拟仪器则打破了传统台式仪器中其功能由厂家定义且用户无法改变的模式,使用户可以根据自己的需求设计仪器系统,还可以通过修改软件来改变或增减仪器的功能,真正体现了"软件就是仪器"这一新概念。

作为虚拟仪器的开发软件,LabVIEW 的特点如下。

（1）具有图形化的编程方式，设计者无须编写任何文本格式的代码，是真正的工程师语言。

（2）提供丰富的数据采集、分析及存储的库函数。

（3）提供传统的数据调试手段，如设置断点和单步运行；提供独具特色的执行工具，使程序动画式进行，便于设计者观察到程序运行的细节，使程序的调试和开发更为便捷。

（4）囊括 PCI、GPIB、PXI、VXI、RS-232/485、USB 等各种仪器通信总线标准的功能函数，使即使不懂得总线标准的开发者也能使用不同总线标准的接口设备与仪器。

（5）提供大量与外部代码或软件进行连接的机制，如 DLL（动态链接库）、DDE（共享库）、ActiveX 等。

（6）具有强大的 Internet 功能，支持常用的网络协议，方便开发网络和远程开发测控仪器。

2．LabVIEW 开发环境

作为一款诞生于 1986 年的针对测量和自动化设计的图形化开发环境，LabVIEW 在 20 年的发展过程中持续创新、不断改进。最初只是作为自动化测量仪器工具的 LabVIEW，现在已经应用于设计、测试和控制的图形化平台中。多年以来，在我国普及的版本有 LabVIEW4.0、5.0、6.0、7.0，2005 年，NI 公司发布了 LabVIEW8.0，由于 NI 公司的产品的用户广泛，2006 年，NI 公司又发布了 LabVIEW8.6 中文简体版。

对于初学者，LabVIEW 中的 Express 技术将常用的测试和自动化任务简化成高层级的交互式功能模块。利用 Express 技术，非程序员也可以快速且轻松地利用 LabVIEW 平台建立自动化系统。LabVIEW 图形化编程如图 6-34 所示。

对于有经验的程序员，LabVIEW 具有与传统编程语言（如 C 语言）相似的性能、灵活性和兼容性。事实上，LabVIEW 图形化编程具有与传统编程语言相同的结构，包括变量、数据类型、循环和顺序结构、错误处理方法。利用 LabVIEW，用户可以重用已打包成 DLL 或共享库的传统代码，并且可以与使用 NET、ActiveX、TCP 和其他标准技术的软件相结合。

利用 Express 技术快速开发：利用基于 Multisim 配置的 ExpressVI 和 I/O 助手，无须编程即可快速创建常见的测量应用程序。

数以千计的例程：可以利用 500 余种例程和更多的网上例程快速地开始。

模块化和层次化：运行模块化 LabVIEW VI 可作为子 VI，并根据需要轻松地扩展用户的程序。

集成的帮助：利用集成的基于文本的帮助和各种指南可以快速了解 LabVIEW 开发。

拖放式用户界面库：通过在控件配置板交互式地自定义数以百计的内置用户界面对象可以设计专业的用户界面。

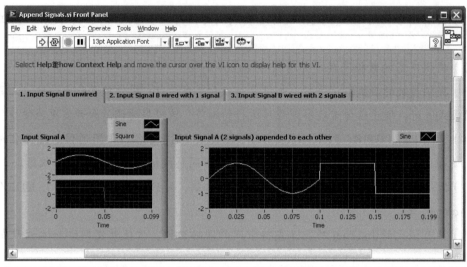

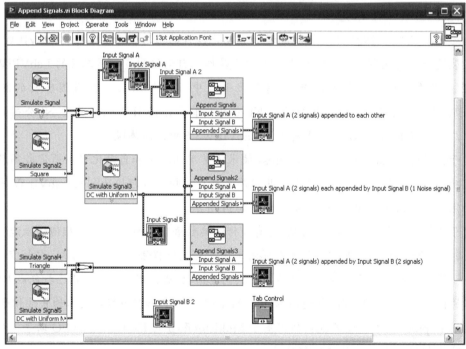

图 6-34 LabVIEW 图形化编程

数以千计的内置函数：可以从函数配置板拖放数以千计的内置函数来创建用户的应用程序；可以通过轻松地自定义函数配置板来快速访问用户收藏的函数。

用于快速执行的已编译语言：可以开发高性能代码，LabVIEW 是一种编译语言，它利用可与 C 语言相媲美的执行速度来生成优化的代码。

开放的语言：利用现有的代码可以轻松地与传统的系统相结合，并且可与 NET、ActiveX、DLL、对象（Object）、TCP、网络技术及其他第三方软件相结合。

　　集成的图形化调试：确保利用集成的图形化调试工具（如图形化代码单步调试）进行正确的操作。

　　简单的应用程序发布：使用应用程序生成器来创建用于发布的可执行文件和共享库（DLL）。

　　多种高层开发工具：可以更快地利用特定应用程序的开发工具进行开发，包括 LabVIEW 状态图工具包、LabVIEW 仿真模块和 FPGA 模块等。

　　NI SignalExpress：团队开发工具可以使用紧密集成的项目管理工具（如项目库和项目浏览器）来创建大型的、专业的应用程序。

　　源代码控制：可以利用标准化的、易于使用的源代码来与多个开发者进行协调开发。

　　目标管理：在 LabVIEW 中可以轻松地管理从实时系统到嵌入式系统的多种目标。使用仿真设备即可开发用户的应用程序软件，无须使用真实的硬件。

　　3. LabVIEW8.6 中文版软件的安装

　　首先，在 NI 公司的官方网站免费下载 LabVIEW8.6 简体中文试用版，其下载地址为 ftp://ftp-ni-com/evaluation/LabVIEW/pc/LabVIEW_8-6_chs-exe。

　　其次，下载完成之后，双击 LabVIEW-8-6-chs-exe，按照提示进行安装。

　　最后，安装结束，重新启动计算机。

　　从 National Instruments 文件夹中可以启动 LabVIEW 程序，进入 LabVIEW 编程环境。LabVIEW 编程环境启动后的主界面如图 6-35 所示。

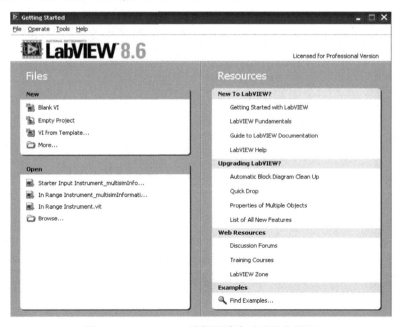

图 6-35　LabVIEW 编程环境启动后的主界面

思考与练习

1．Multisim 13 仿真软件中共有多少个 LabVIEW 仪表？每个仪表的功能是什么？

2．使用麦克风记录输入计算机的声音信号，并用扬声器播放出来。

3．LabVIEW 仪表中的信号发生器（Signal Generator）与 Multisim 13 原有的函数信号发生器（Function Generator）有什么本质区别？产生的信号有什么不同？

4．试将 AM 信号源接入信号分析仪，AM 信号源的参数设置：载波频率为 10Hz，幅度为 3V，调制信号为 1Hz，调制度为 0.3。试用信号分析仪观察 AM 信号源输出的波形和功率谱。

5．试上网查找 NI 公司提供的其他 LabVIEW 仪表。

6．试在安装 Multisim 13 仿真软件的计算机中查找 LabVIEW 仪表源代码，并用 LabVIEW 打开。

7．试利用 Multisim 13 中提供的 VI 模板自制一个用户仪表，然后将它导入 Multisim 13 中并验证其功能。

项目七 基于 Multisim13 的单片机应用系统仿真与设计

▶▶▶ **引言**

单片机的学习与常用的 TTL、CMOS 数字集成电路相比难度较大，这是因为单片机具有智能化功能，不仅要学习其硬件，还要学习其软件，而且软件设计需要具有一定的创造性，这虽然给学习带来了一定的难度，但这也正是它的迷人之处。初学者究竟能否在没有太多专业基础知识的情况下通过自学在短暂的时间内掌握单片机技术呢？事实表明他们是做得到的，若再经过反复实践，将自己培养成单片机开发应用工程师也是可能的。

单片机技术的发展速度十分惊人。时至今日，单片机技术已经发展得相当完善，它已成为计算机技术的一个独特而又重要的分支。单片机的应用领域也日益广泛，特别是在电信、家用电器、工业控制、仪器仪表、汽车电子等领域的智能化方面，单片机扮演着极其重要的角色，单片机芯片如图 7-1 所示。

现代电子系统的基本核心是嵌入式计算机应用系统（简称嵌入式系统，Embedded System），而单片机就是最典型、最广泛、最普及的嵌入式系统。

图 7-1 单片机芯片

学习单片机的意义绝不仅限于它的广阔范围及其所带来的经济效益，更重要的意义是单片机的应用从根本上改变着传统控制系统的设计思想和设计方法。从前必须由模拟电路或数字电路实现的大部分控制功能，现在已能使用单片机通过软件（编程程序）方法实现了。这种以软件取代硬件并能提高系统性能的控制系统"软化"技术，称为微控制技术，微控制技术是一种全新的概念。单片机的应用必将导致传统控制技术发生巨大变革。换而言之，单片机的应用是对传统控制技术的一场革命。因此，学习单片机的原理、掌握单片机的应用技术具有划时代的意义。

经典的电子系统所完成的一切功能都是通过布线逻辑控制（Wired Logic Control）实现的，若要增加功能或改进性能，则需要"大动手术"或重新设计，别无办法；而现代电子系统完成的许多功能是通过存储程序控制（Stored Program Control）实现的，即控制功能是通过计算机执行预先存储在存储器中的程序来实现的。如果要给系统增加功能或改进性能，只需要改写程序（软件）即可轻而易举地达到目的，非常灵活。如果将经典电子系统当作一个"僵死"的电子系统，那么智能化的现代电子系统就是一个"具有生命"的电子系统。

单片机应用系统的硬件结构给予电子系统"身躯"，单片机应用系统的应用程序赋予其"灵魂"。例如，在设计智能化仪器显示器的显示功能时，可以在开机时显示系统的自检结果，在未进入工作时显示各种待机状态，在仪器运行时显示运行过程，在工作结束后显示当前结果、自检结果、原始数据、各种处理报表等。在无人值守时，可给定各种自动运行功能。电子系统的智能化程度是无止境的，常常不需要硬件资源的增添就能实现各种功能的翻新和增添，这也是当前许多家用电器的功能大量增设和不断扩展的重要因素。

在 21 世纪，许多人不是在研究计算机便是在使用计算机。在使用计算机的人群当中，只有从事嵌入式系统应用的人才能真正进入计算机系统内部的软件系统和硬件体系，才能真正领会计算机的智能化本质，并掌握智能化设计的知识和技术。从学习单片机应用技术入手是当今培养计算机应用软件技术人才和硬件开发技术人才的经济、实用、简便易行的途径之一。

■■■ 特别提示

单片机是由日本 Bijikon 公司的嶋正利和美国 Inter 公司的 Ted·hofu 共同发明的，第一片单片机被命名为 4004。

在日本，IC 化的计算器竞争激化，应用范围非常广泛，但每次开发不同用途的计算器前不得不先开发不同的 IC。在那样的状况中，Bijikon 公司决定开发一种能用于不同用途的通用 IC。为了实现这个设想，1969 年，嶋正利等技术人员被派遣到美国 Inter 公司进行开发工作。

1971 年，Intel 公司的霍夫（Ted.hofu）提出了"软件"置换概念，让硬件减少，从而设计出通用 IC。

走马灯的设计

教学目标

（1）熟练掌握基于 Multisim 13 仿真平台的单片机系统的设计仿真调试方法。

（2）掌握单片机输入/输出口的内部结构和编程技巧。

◆ 任务引入 ◆

走马灯，又名马骑灯，是中国的传统玩具之一，灯笼的一种，常见于元宵节、中秋节等节日。在走马灯内点上蜡烛，蜡烛产生的热力会形成气流，令轮轴转动。轮轴上有剪纸，烛光将剪纸的影投射在屏上，图像便会不断走动。

如今，元宵灯会上五彩缤纷，形形色色的彩灯都用上了高科技手段，使得光影效果更加纷繁，更加让人流连忘返。

利用单片机设计一款简易的走马灯，要求如下：t_0 时间内 8 个发光二极管都亮；t_1 时间内 D1 熄灭，其他 7 个发光二极管都亮；t_8 时间内所有的发光二极管都熄灭；t_9 时间内 D1 亮，其他 7 个发光二极管都不亮；t_{15} 时间内 D1~D7 亮，D8 不亮；t_{16} 时间内，8 个发光二极管都亮。如此周而复始。

下面通过该任务来了解单片机系统，熟悉基于 Multisim 13 的单片机仿真平台。

◆ 任务分析 ◆

一、系统硬件电路分析

根据上述题目要求，电路以 8051 单片机为核心，配上复位电路和晶振电路（由于 Multisim 13 仿真软件的内部可以设置时钟频率等参数，这两部分电路可以省略）。其 P0 口作为输出口，来控制 8 路 LED 的亮灭效果。由于 P0 口特殊的内部结构，其作为输出口时需要连接上拉电阻。

8052 单片机的相关参数设置：内部 ROM 设置为 64KB，外部 RAM 的地址空间为 0B（不扩展），时钟频率设置为 12MHz。

二、系统软件分析

1．编程思路

设项目功能中的 t_0~t_{15} 各时间段均为 500ms，为了叙述方便，我们用 t_0~t_{15} 表示各个 500ms 时间段的起始时刻，由于 P3 口具有锁存功能，我们可以在 t_i 时刻从 P3 口输出第 i 个 500ms 时间段点亮的发光二极管的控制数据，然后延时 500ms，到达 t_{i+1} 时刻后再从 P3 口输出第 i+1 个 500ms 时间段的控制数据，当时间到达第 16 个 500ms 时间段时，让 i 值为 0，输出第 0 个 500ms 时间段的控制数据。如此循环，就可以实现本例的输出显示。显然，编程的关键是如何获取各时间段的显示控制数据。

2．走马灯显示控制数据

根据项目的功能要求和本例的硬件电路，各个 500ms 时间段 P3 口输出的显示控制数据如表 7-1 所示。

表 7-1　各个 500ms 时间段 P3 口输出的显示控制数据

时间	显示控制数据		点亮的发光二极管	时间	显示控制数据		点亮的发光二极管
	二进制	十六进制			二进制	十六进制	
t_0	0	00H	D1D2D3D4D5D6D7D8	t_8	11111111	FFH	
t_1	1	01H	D2D3D4D5D6D7D8	t_9	11111110	FEH	D1
t_2	11	03H	D3D4D5D6D7D8	t_{10}	11111100	FCH	D1D2
t_3	111	07H	D4D5D6D7D8	t_{11}	11111000	F8H	D1D2D3
t_4	1111	0FH	D5D6D7D8	t_{12}	11110000	F0H	D1D2D3D4
t_5	11111	1FH	D6D7D8	t_{13}	11100000	E0H	D1D2D3D4D5
t_6	111111	3FH	D7D8	t_{14}	11000000	C0H	D1D2D3D4D5D6
t_7	1111111	7FH	D8	t_{15}	10000000	80H	D1D2D3D4D5D6D7

3．用查表法获取显示控制数据

表 7-1 中的显示控制数据有一定的规律。在本例中，我们采用查表法来获取这些显示控制数据。根据所建立的数据表格方式的不同，查表法主要有顺序查表法、计算查表法和对分查表法 3 种。在此，我们采用计算查表法，这也是常采用的查表方法。

计算查表法的要求：表格中的数据项要按一定的次序顺序存放，并且各个数据项在表格中所占用的存储空间相等，这样便于计算各数据项存放的地址。表 7-1 中的各显示控制数据均可用一字节的存储单元存放，我们用伪指令 DB 将这些显示控制数据依据时间顺序事先存放在 CtrlTab 表格中，其建立方法如下。

CtrlTab：DB　00H,01H, ……

这里的 CtrlTab 是标号，代表着表格的首字节单元的地址，也就是 00H 这个数据的存放地址。由于每个数据项只占一字节，第 i 个数据的地址 Addr 为 Addr=表首地址+i=CtrlTab+i。

◆ 相关知识 ◆

一、8051 单片机的 I/O 结构

8051 共有 4 组 8 位 I/O 口，记作 P0、P1、P2、P3。每级 I/O 口都包含一个锁存器、一个输出驱动器和一个输入缓冲器，都有 8 条 I/O 口线，具有字节寻址和位寻址功能。

当无片外扩展时，这 4 组 I/O 口都可以作为通用 I/O 口使用。当访问片外扩展存储器时，低 8 位地址和数据由 P0 口分时传送，高 8 位地址由 P2 口传送。

8051 单片机的 4 组 I/O 口都是 8 位双向口，这些端口在结构和特性上是基本相同的，但又各具特点，下面分别进行介绍。

1．P0 口

P0 口既可作为地址/数据总线使用，也可作为通用 I/O 口使用。当 P0 口作为地址/数据总线使用时，就不能再作为通用 I/O 口使用了。当 P0 口作为输出口使用时，输出级属于漏极开路，必须外接上拉电阻，才有高电平输出。当 P0 口作为输入口读引脚时，应先向锁存器写 1，使 T2 截止，不影响输入电平。

2．P1 口

P1 口是一个有内部上拉电阻的准双向口，可用作通用 I/O 口使用。当 P1 口作为输入端口时，可以被任何 TTL 电路和 MOS 电路驱动，由于具有内部上拉电阻，因此可以直接被集电极开路和漏极开路电路驱动，不必外加上拉电阻。P1 口可驱动 4 个 LSTTL 门电路。

3．P2 口

P2 口既可作为地址总线使用，也可作为通用 I/O 口使用。与 P0 口不同的是，它在作为地址总线的时候输送的是地址的高 8 位。其内部也有上拉电阻，其驱动能力与 P1 口相同。

4．P3 口

P3 口是一个准双向口，也是一个多用途的端口，当作为第一功能使用时，其功能与 P1 口相同。当其作为第二功能使用时，P3 口第二功能如表 7-2 所示。

表 7-2　P3 口第二功能

端 口 功 能	第 二 功 能	功 能 说 明
P3.0	RXD	串行输入（数据接收）口
P3.1	TXD	串行输出（数据发送）口
P3.2	$\overline{INT0}$	外部中断 0 输入
P3.3	$\overline{INT1}$	外部中断 1 输入
P3.4	T0	定时器/计数器 0 计数输入
P3.5	T1	定时器/计数器 1 计数输入
P3.6	$\overline{WR}$	片外数据存储器写选通信号输出
P3.7	$\overline{RD}$	片外数据存储器读选通信号输入

■■■ 特别提示

学习和掌握单片机 I/O 口的结构、用途和功能是灵活使用单片机进行设计的开始与关键，这 32 个 I/O 口能为我们的设计提供大部分的 I/O 及特殊功能。

二、单片机应用系统设计仿真环境

基于 Multisim 13 的单片机仿真软件是 Multisim MCU，它是 Multisim 13 仿真软件选配

的一个软件包。Multisim MCU 仿真软件提供了 8051、8052、PIC16F84、PIC16F841A 单片机，以及数据存储器、程序存储器模块，还有许多外围设备，如数码显示管、键盘、液晶显示器等。

1. 单片机仿真界面的进入

单击元器件工具栏的 按钮，弹出如图 7-2 所示的单片机元器件库选择窗口。

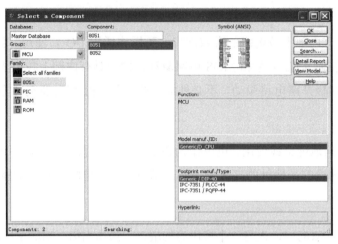

图 7-2　单片机元器件库选择窗口

在此窗口中选择要仿真的单片机型号。例如，选择 8051 单片机，首先选中 8051，然后单击"OK"按钮，Multisim 13 会自动进入单片机仿真界面，如图 7-3 所示。U1 为单片机芯片，其所在区域为电路窗口，右侧为单片机存储器窗口（MCU Memory View），下侧为汇编程序编辑窗口。其中，单片机存储器窗口和汇编程序编辑窗口可以选择显示或隐藏。

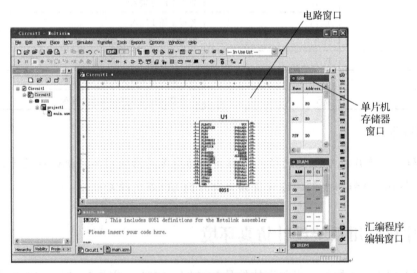

图 7-3　单片机仿真界面

2．51 系列单片机属性设置

在图 7-3 中双击 805x 单片机图标 U1，会弹出 805x 单片机属性对话框，如图 7-4 所示。其中，Assember（汇编器）选用 Metakink；Built-in Internal RAM（片上内置 RAM）为 128B；Built-in External RAM（片上外部 RAM）可选择 0, 2KB, …, 32KB, 64KB 等，最大为 64KB；ROM Size（内部 ROM 空间）可选择 0, 2KB, …, 32KB, 64KB 等；Clock Speed（时钟频率）可根据需要选择。

805x 单片机属性对话框（Display 选项卡）如图 7-5 所示。在该选项卡中可选择 Show Lables、Show Values、Show RefDes 等，在单片机调试环境中，标签、元器件值和元件编号等可设置为显示或隐藏。

■■■ 特别提示

建立单片机仿真环境需要经历建立硬件电路文件、MCU 平台文件、设计工程文件和源程序设计文件的过程，整个仿真文件系统应当建立在英文目录下，形成树状排列，否则无法通过正常的编译过程，如图 7-6 所示。

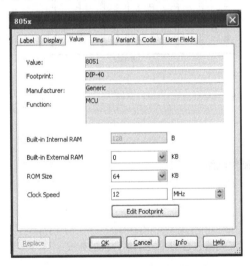

图 7-4　805x 单片机属性对话框（Value 选项卡）

图 7-5　805x 单片机属性对话框（Display 选项卡）

图 7-6　单片机仿真设计文件树

◆ 任务实施过程 ◆

一、硬件系统设计

　　根据项目的硬件系统分析，在单片机最小系统的基础上，在 P0 口上直接接上 8 只发光二极管控制电路，由于单片机复位时 P1 口输出全为高电平，为使单片机复位时输出执行机构无输出，发光二极管的控制接口电路仍采用低电平有效控制。走马灯硬件电路图如图 7-7 所示。

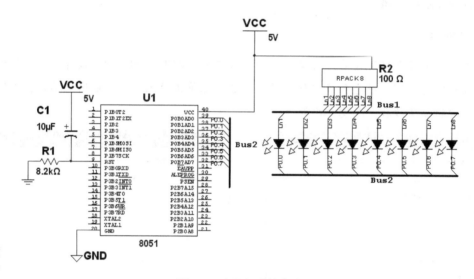

图 7-7　走马灯硬件电路图

二、走马灯系统的汇编源程序

```
$ MOD51                    ; Metalink 汇编器包含对 8051 单片机的定义
   LED_PORT    EQU P0
   DisCnt      EQU 30H
   ORG         0000H       ; 复位后，应用程序的入口地址
   AJMP        INIT
   ORG         0030H       ; 0000H~0030H 处有固定用途，应用程序一般放在 0050H 之后
INIT:
   MOV DisCnt,    #0        ; 显示时间段的计数器初始化
MAIN:
   MOV   A,       DisCnt
   MOV   DPTR,    #CtrlTab
   MOVC  A,       @A+DPTR
   MOV LED_Port,  A
```

```
        ACALL        D500MS                      ; 延时 500ms
        INC     DisCnt
        MOV     A,           DisCnt
        ADD     A,           #256-16
        JNC     MAIN
        MOV     DisCnt,      #0
        SJMP    MAIN                              ; 跳转至 MAIN 处再循环
;500ms 延时程序
D500MS:
        MOV     R5,          #4                   ; 外层循环计数值初始化，循环 4 次
DL1:                                              ; 2ms 延时
        MOV     R6,          #250                 ; 内层循环计数值初始化，循环 250 次
DL2:
        MOV     R7,          #250
        DJNZ    R7,          $
        DJNZ    R6,          DL2                  ; 内层循环次数没结束，转 DL2 重复
        DJNZ    R5,DL1                            ; 外层循环次数没结束，转 DL1 重复
        RET
CtrlTab:                                          ; 显示控制码表
        DB  00H,01H,03H,07H,0FH,1FH,3FH,7FH
        DB  0FFH,0FEH,0FCH,0F8H,0F0H,0E0H,0C0H,80H
        END                                       ; 通知汇编程序，源程序到此已结束
```

三、软硬件联调与仿真分析

1. 软硬件联调

软硬件联调是在硬件电路的基础上编制软件程序、调试、修改，并不断反复的过程，直至系统符合设计要求。走马灯仿真电路如图 7-8 所示。

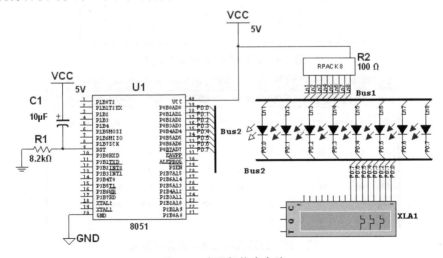

图 7-8　走马灯仿真电路

2．仿真分析与说明

单击运行按钮，并执行汇编程序编译，进行仿真分析，观察仿真结果。

① 走马灯系统正常运行，八个 LED 灯按照程序设定的 500ms 的时间间隔走马，从刚开始的八个灯全亮，至一个灯灭七个等亮，……，至八个灯灭，然后一个灯亮七个灯灭，……，至八个灯亮，依次循环往复。如图 7-8 所示，第一个 LED 灯灭，其余七个 LED 灯亮，则可以判定单片机将数据表格中 01H 的数据取出送到 P0 端口。

② 将逻辑分析的八路输入与单片机 P0 口相连，双击逻辑分析仪图标 XLA1，得到单片机 P0 口的信号波形，如图 7-9 所示。在系统工作 500ms 时，P0 口采集到 01H 信号，从而驱动 LED 发生变化，单片机特殊功能寄存器数据如图 7-10 所示。

③ 另外可以通过观察存储器窗口执行菜单 MCU/MCU 8051 U1/Memery View，观察特殊功能寄存器窗口 SFR 中的 P0，如图 7-10 所示，此时 P0 口的数据正是 01H，从而进一步验证了系统软硬件设计的可靠性。

图 7-9　单片机 P0 口的信号波形

MCU Memory View :: U1 :: LED.ms10

SFR

Name	Address	Hex	Bit-7	Bit-6	Bit-5	Bit-4	Bit-3	Bit-2	Bit-1	Bit-0
SP	81	09	0	0	0	0	1	0	0	1
Input			*AD7*	*AD6*	*AD5*	*AD4*	*AD3*	*AD2*	*AD1*	*AD0*
P0	80	01	0	0	0	0	0	0	0	1
Latch			*AD7*	*AD6*	*AD5*	*AD4*	*AD3*	*AD2*	*AD1*	*AD0*
P0	80	01	0	0	0	0	0	0	0	1

图 7-10　单片机特殊功能寄存器数据

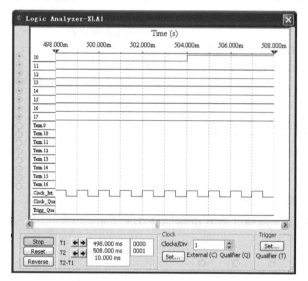

■■■ 拓展训练

51 单片机外部存储器 RAM 的扩展

一、功能要求

① 实现 51 单片机的外部存储器（RAM）扩展功能。

② 编程实现外部存储器的读写操作（将数据写入 RAM，再读出校验），并进行读写指示。

③ 能显示地址和数据，同时指示读写状态。

二、创建电路

创建 51 单片机外部存储器 RAM 的扩展电路，如图 7-11 所示。RAM 存储器选用 HM1-65642-883（8K 字节的存储空间，在 MultiMCU 库中选用）。将 8052 单片机的 P0 口和 RAM 的地址线连接（RAM 用了低 8 位地址），将 P1 口和 RAM 的数据线连接，将 P2 口的部分信号线用来控制 RAM 的读写操作。

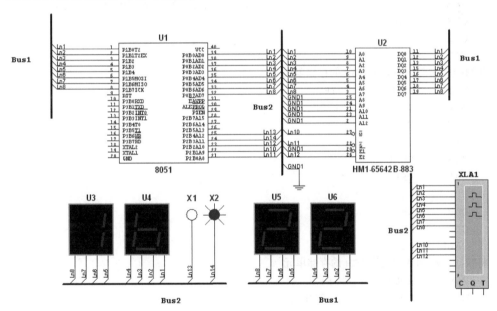

图 7-11　51 单片机外部存储器 RAM 的扩展电路

三、编制汇编程序

```
$ MOD52                          ; Metalink 汇编器包含对 8052 的定义
    W       equ     P2.1         ; 写控制信号（低电平有效）
    G       equ     P2.0         ; 读控制信号（低电平有效）
    E2      equ     P2.2         ; 片选信号（高电平有效）
    READ    equ     P2.3         ; 读指示信号
    WRITE   equ     P2.4         ; 写指示信号
```

```
        ADDR     equ       P0              ; 地址总线
        IO       equ       P1              ; I/O 总线（数据总线）
LOOP1:
        MOV      ADDR,     #0FFH           ; 地址总线初始化
        MOV      IO,       #0FFH           ; 数据口初始化
        CLR      E2                        ; RAM 片选信号无效
        SETB     G                         ; 读控制信号无效（不能读 RAM 内容）
        CLR      W                         ; 写控制信号无效（允许写）
        CLR      READ                      ; 读写指示信号初始化
        CLR      WRITE
; 将数据 55H 写入地址为 1AH 的存储单元
        MOV      ADDR,     #1AH            ; 地址总线赋地址 1AH
        MOV      IO,       #55H            ; 数据总线赋数据 55H
        SETB     E2                        ; RAM 片选信号有效
        SETB     WRITE                     ; 写指令
        CLR      READ
        CALL     DELAY                     ; 调用延时程序
        CLR      E2                        ; RAM 片选信号无效（停止操作）
        CLR      WRITE
        CLR      READ
        CALL     DELAY
; 将数据 22H 写入地址为 1BH 的存储单元
        MOV      ADDR,     #1BH
        MOV      IO,       #22H
        SETB     E2
        SETB     WRITE
        CLR      READ
        CALL     DELAY
        CLR      E2
        CLR      WRITE
        CLR      READ
        CALL     DELAY
; 将数据 89H 写入地址为 1CH 的存储单元
        MOV      ADDR,     #1CH
        MOV      IO,       #89H
        SETB     E2
        SETB     WRITE
        CLR      READ
        CALL     DELAY
        CLR      E2
        CLR      WRITE
        CLR      READ
        CALL     DELAY
        MOV      ADDR,     #0FFH           ; 读端口初始化
        MOV      IO,       #0FFH
```

; 从 RAM 存储器的地址单元 1AH 读出数据值 55H

```
        SETB    W
        CLR     G
        MOV     ADDR,       #1AH
        SETB    E2
        SETB    READ
        CLR     WRITE
        CALL    DELAY
        CLR     E2
        CLR     READ
        CLR     WRITE
        CALL    DELAY
```

; 从 RAM 存储器的地址单元 1BH 读出数据值 22H

```
        SETB    W
        CLR     G
        MOV     ADDR,       #1BH
        SETB    E2
        SETB    READ
        CLR     WRITE
        CALL    DELAY
        CLR     E2
        CLR     READ
        CLR     WRITE
        CALL    DELAY
```

; 从 RAM 存储器的地址单元 1CH 读出数据值 89H

```
        SETB    W
        CLR     G
        MOV     ADDR,       #1CH
        SETB    E2
        SETB    READ
        CLR     WRITE
        CALL    DELAY
        CLR     E2
        CLR     READ
        CLR     WRITE
        CALL    DELAY
        LJMP    LOOP1                               ; 跳转至 LOOP1
```

; 延时子程序

```
DELAY:
        MOV     A,          #01H
LOOP:
        MOV     R0,         #0FFH
        DJNZ    R0,         $
        DEC     A
        JNZ     LOOP
```

```
        RET
HALT:
        JMP        $
        END
```

四、仿真分析

单击运行按钮,执行编译,得到外部存储器 RAM 的读写结果。双击逻辑分析仪图标 XLA,观察单片机地址信号和控制信号波形,如图 7-12 所示。

五、仿真说明

① 从程序可以看出,执行写操作时,片选信号和写控制信号均有效 (读控制信号应无效);执行读操作时,片选信号和读控制信号有效 (写控制信号应无效)。

② 从控制信号的波形图 (见图 7-12) 可以看出,读控制信号和写控制信号不能同时有效,即在某一时刻不能同时进行读写操作。

③ 该程序中只给出了部分存储单元的读写操作。有兴趣的读者可以在该程序的基础上,通过编程实现更多存储单元的读写操作。

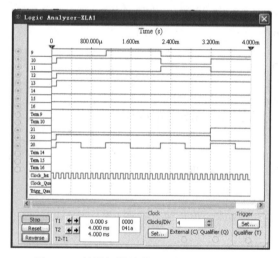

图 7-12 单片机地址信号和控制信号波形

思考与练习

1. 在 Multisim 仿真环境中,51 单片机应用电路的仿真与设计涉及的元器件库有哪些,通常用到哪些元器件?

2. 简述在 Multisim 仿真环境中设计单片机应用电路的一般步骤。

3. 结合图 7-11 (51 单片机外部存储器 RAM 的扩展电路) 将十六进制数 0000H~0FFFH 存入存储器 HM1-65642-883 (8K 字节的存储空间) 中。注意:存储器 HM1-65642-883 的十三位地址线 (A0~A12) 需全部用上。